零基础轻松学 Python

小码哥 / 著

電子工業出版社
Publishing House of Electronics Industry
北京•BEIJING

内 容 简 介

一本有趣、有用、好学的 Python 编程书!

本书以通俗易懂的语言、好玩有趣的案例让读者轻轻松松、循序渐进地从零开始掌握 Python 3 编程。本书内容也是笔者带领的“Python 实战圈”里数千名“圈友”的学习结晶。圈子里的小伙伴都是零基础开始学习 Python 编程，甚至之前没有接触过编程的，比如初中生、跨行业学习者等。

本书提供了一套完整、系统的 Python 基础课，比如列表、if、函数等内容，每一部分内容除了有生动有趣的项目实战，还有实际工作中需要注意的问题。既能让零基础的读者更好地学习，也能让有一定基础的读者继续提升自身水平。

本书适合零基础学习 Python 编程的读者，想要入门人工智能领域的读者，立志进入数据分析编程领域的读者，计划成为 Python 网页工程师或游戏工程师的读者，Python 爱好者等。

图书在版编目（CIP）数据

零基础轻松学 Python / 小码哥著. —北京：电子工业出版社，2019.6
ISBN 978-7-121-36469-3

Ⅰ. ①零… Ⅱ. ①小… Ⅲ. ①软件工具－程序设计 Ⅳ. ①TP311.561

中国版本图书馆 CIP 数据核字（2019）第 089331 号

策划编辑：张慧敏
责任编辑：石　倩
印　　刷：北京季蜂印刷有限公司
装　　订：北京季蜂印刷有限公司
出版发行：电子工业出版社
　　　　　北京市海淀区万寿路 173 信箱　邮编：100036
开　　本：720×1000　1/16　印张：15　字数：381.6 千字　彩插：1
版　　次：2019 年 6 月第 1 版
印　　次：2019 年 9 月第 3 次印刷
定　　价：59.00 元

凡所购买电子工业出版社图书有缺损问题，请向购买书店调换。若书店售缺，请与本社发行部联系，联系及邮购电话：（010）88254888，88258888。

质量投诉请发邮件至 zlts@phei.com.cn，盗版侵权举报请发邮件至 dbqq@phei.com.cn。

本书咨询联系方式：（010）51260888-819，faq@phei.com.cn。

推荐语

This is a very practical book for complete beginners.The author knows his students and has many good tips for success.Welcome to the wonderful world of Python programming!

——Guido van Rossum　Python 之父

很多人在接触编程之前会认为这是件门槛很高的事情，但其实在过来人的合理指导下，跨入编程大门并不困难。小码哥就是这样一位对新手友好的过来人，本书则可作为你叩开此门的第一块砖。

—— Crossin　独立开发者，“Crossin 的编程教室”公众号作者

Python 的火热程度已经人人皆知，随着大数据、人工智能时代的到来，Python 的应用将更加广泛，未来不可忽视，对你来讲，学的不仅仅是一门工具，而是一门让你受益终身的语言，小码哥的这本书从零基础开始，手把手教你一步步进入 Python 的世界，是难得的入门书籍，文风幽默、字里行间显露着生活化的场景，给你的是一种自信和快乐的学习方式，相信这本书能给你带来不一样的精彩。

—— 邓凯 知识星球“爱数圈”创始人，知名大 V，数据界“布道者”

实用性书籍讲的是有关行动的问题。让读者了解更多的可操作方案，看出由原理衍生的规则，并找出规则的实际应用方法。

——杜猛 著名独立经济学家

伴随人工智能的发展与应用，Python 日益成为备受欢迎的“网红语言”之一。《零基础轻松学 Python》立足工具理性思维，将理论与实践结合，让零基础“编程小白”亦有机会轻松完成该语言的学习，进而获得一项硬核新技能。

——黄丽媛 武汉大学博士，北京清博大数据科技有限公司副总裁

前前后后接触过很多做数据分析的、做运营的同学跟我说想学习 Python，但是找不到自学的办法，很多人觉得没有语言基础学习 Python 简直比登天还难。但实际上它并没有那么可怕，小码哥的这本书通过简单易懂的语言告诉大家：入门 Python，其实并不是一件难事。

——路人甲，增长黑客践行者，“路人甲 TM”公众号作者

熟练掌握 Python 是当今市场上很多热门工作所需要的必备技能之一。小码哥的这本书用简单易懂的语言，不但详细地解释了 Python 语言本身，还总结了前人在实战过程中遇到的问题和经验，非常适合 Python 初学者快速入门。

——李运睿 甲骨文公司美国总部数据库研发资深架构师

Python 语言历史悠久，因其独特的特点从众多开发语言中脱颖而出，并且在各种流行编程语言中一直排名靠前，深受大家的喜爱。《零基础轻松学 Python》这本书定位清晰，站在初学者的角度循序渐进，有点有面。结合作者多年的技术心得并从实战出发，引导读者逐步掌握 Python 编程语言。

——梁勇 天善智能创始人，数据科学行业知名大 V，“Python 爱好者社区”公众号负责人

我没有编程基础，但一直想学习 Python，网上买过几个课程和几本书，但始终无从下手，后来加入小码哥的知识星球“Python 七天实战营”，实战 + 理论+随时解答疑惑，我总算写出了可以运行的代码，非常感谢技术过硬的小码哥。

—— 刘容 知识星球运营官

Python 的应用领域非常广泛，从云计算、Web 开发、数据科学到人工智能，包括国内外知名企业 Google、阿里、腾讯、NASA、YouTube、Facebook 等都在使用 Python 语言。《零基础轻松学 Python》作者从实战出发，在照顾到初学者的学习能力和水平的同时毫无保留地突出知识重点，帮助初学者合理地构建一套知识体系，推荐大家学习。

——吕品 派可数据联合创始人，微软 MVP，商业智能 BI 数据分析领域行业专家

随着人工智能的飞速发展，业务对数据的依赖度越来越高，能否准确分析统计数据成为每一个业务人员的未来提升方向之一，而 Python 作为一个强有力的数据分析语言值得每一个希望提升自己数据能力的人学习，小码哥的这本书既做到了理论与实践结合又通俗易懂，十分适合非程序员的职场人员进行入门学习，希望《零基础轻松学 Python》会成为你数据启蒙之路的良好开端。

——孟嘉 北京嘀嘀无限科技发展有限公司（滴滴出行）运营专家

《零基础轻松学 Python》是本讲入门实战的书。近几年，随着从 IT 时代到 DT 时代的推进，掌握一门数据开发语言显得越来越重要。本书则刚好就是那些想了解数据开发而不得法之人最好的敲门砖。内容从易到难，不仅包含了基础语法讲解及练习，而且还引入了几个有趣的项目案例，从而让读者更好地掌握实战应用体系，为将来的项目应用打好基础。

——迷途 玄关健康大数据架构师

Python 已经成为最流行实用的语言，本书以 Python 为主，但不纠结细节，全程项目跟踪实践，以解决实际问题为主，让我们可以迅速运用起来。小码哥这本书可以解决那些想要学习 Python 解决工作问题，但又苦恼市面上太厚、太重、太难的资料，从而找不到重点的学习者，推荐给所有对 Python 感兴趣的读者。相信这本书将会引领 Python 学习的狂潮。

——彭涛 知道创宇高级研发工程师/项目经理，“涛哥聊 Python”公众号作者

对于 Python 语言，我觉得它更像是一个工具来帮助我们实现各种算法和应用，学习中应当快速入门，边练边学方为上策。《零基础轻松学 Python》整体风格通俗易懂，易上手，重实践，非常适合刚入门的读者，以最少的学习时间成本获得最佳的实践方法。

——唐宇迪 网易云课堂认证人工智能行家

亿欧技术团队最近有不少成员开始研究 Python，小码哥这本书提供了很好的学习素材，通俗易懂，在这个效率为王的时代，对于入门级新手而言是绝佳的选择。

——王彬 亿欧公司联合创始人兼总裁

大数据时代，数据分析已经成为工作和生活中必不可少的一项技能。Python 的高效性和便捷性，以及在机器学习中的广泛应用使它成为数据处理的首选工具。小码哥的《零基础轻松学 Python》带你快速掌握这门技能，提升职场核心竞争力。

——王彦平（网名：蓝鲸）《从 Excel 到 Python，数据分析进阶指南》电子书作者

作为目前最火也是最实用的编程语言，Python 不仅是新手入门程序界的首选，也逐渐成为程序员招聘需求中的必要一条。本书非常“小白”，讲述通俗且循序渐进，希望可以开启你迈入编程世界的第一步。

——魏子敏 大数据文摘 联合创始人

Python 编程不仅是人工智能行业的通用语言，也是各传统行业数据处理和分析的常见工具。这本书很适合零基础的读者，从“Hello World”到独立实战给出了非常清晰的时间线，手把手带你入门。编程没有捷径可走，好的开始才是成功的一半。

——熊源（Yuan 组长） 瑞典隆德大学人工智能与机器学习平台研究员，DOMO Green 创始人

不管身处什么行业，Python 现在几乎快要成为人人必须掌握的一门编程语言，本书旨在带你入门 Python 编程，在每一章都有围绕当下热点展开的项目实战，学习起来轻松愉快，可以作为一本不错的 Python 入门书籍。

——张俊红 《对比 Excel，轻松学习 Python 数据分析》作者

随着 Python 被广泛应用于网络程序开发、系统管理、大数据分析和人工智能等方面，Python 已然成为主流编程语言的一员，可以说是近几年最热门的语言（没有之一）。这本书以浅显易懂而不失严谨的语言教会你如何快速学习掌握Python. 是想入门Python的读者的好教材，对已有一定基础的 Python 程序员也有助益。

——张瑞岭 甲骨文公司美国总部高级总监

Python 是一门非常适合入门的语言，在各领域都有不错的应用，如大数据、机器学习、人工智能等。《零基础轻松学 Python》从简到难，每天循序渐进，结合实践，适合小白级别的入门读者，作为你入门的导师，助你开启另一个世界。

——薛亚斌 京东金融资深测试架构师，移动端测试负责人

前　　言

Python 编程语言是容易学习且功能强大的语言，只要会用微信聊天、懂一点英文单词即可学会。另外，面对同样一个功能，其他编程语言的代码行数可能是几十行，甚至几百行，而 Python 语言只要几行代码即可实现。一般情况下，Python 的代码量是 Java 语言代码量的 1/5。因此，人生苦短，我用 Python，多留点时间做其他有意义的事情。

由于人工智能的火热，Python 语言成了目前最热门的编程语言之一。尤其是无人驾驶汽车的出现，更增加了人们对人工智能的关注。你有没有想过，在不久的将来，自己也可以加入人工智能领域，用自己的智慧和才干“智”造一些对社会、对身边人有用的产品，并且进一步提高生活品质呢？据悉，年薪 50 万元的工作的大门已经向应届生打开了。入门人工智能的首要条件就是学习 Python 编程，因为 Python 是人工智能领域的首选语言。

那么，Python 难学吗？作为初学者该如何入门呢？

本书正是针对真正零基础的读者打造的。本书不但提供了 Python 基础内容，还总结了“Python 实战圈”里数千名圈友在学习 Python 编程过程中经常遇到的错误，所以本书是对“Python 实战圈”圈友们实战学习内容的一次系统梳理。本书还结合了笔者多年的编程经验，给出了编程注意事项及经常用到的基础语法点。希望本书能帮助更多想要入门 Python 编程的朋友。

特色定位

本书是真正实现从零开始学习 Python 编程的实战教材。

大部分学生读者每天学习 8 小时，7 天即可完成本书的全部学习内容；上班族读者每天学习 2 小时，28 天完成本书的全部学习内容，并且是高质量完成的。也就是说，读者只需 56 个小时即可学完本书的全部内容，虽然学习时间短，但是本书涉及的知识点并没有减少。每一部分内容除了有项目实战，还有实际工作中需要注意的问题。既能让零基础的朋友更好地学习，也能让有一定基础的朋友提升自身的 Python 编程水平。实战项目灵活、生动、有趣，帮助读者在不知不觉中掌握所有的知识点。

读者对象

- 零基础入门 Python 编程的读者。
- 非程序员的零基础人员。
- 计划为进入人工智能领域打好 Python 基础的读者
- 适合任何年龄的读者
- Python 爱好者。

学习建议

一旦开始本书的学习，笔者希望你能坚持下去。在“Python 实战圈”，有很多零基础的文科生、体育生或者艺术生，他们从来没有写过一行代码，或者说不知道写代码是什么事情，经过 7 天的训练都掌握了 Python 编程，并且可以独立完成小项目，为自己后续的学习（例如数据分析实战、人工智能应用）打下了坚实的基础。

如何克服从入门到放弃

最好的方法是和身边的朋友一起学习，找一群志同道合的朋友一起学习本书。在“Python 实战圈”，有的圈友在出差的高铁上学习，有的圈友在加班回家后仍然坚持学习到凌晨 2 点，有的全职妈妈等孩子睡着了以后再学习到深夜。这些励志的人和事都会影响、激励自己坚持学习。如果你中间放弃学习了，重新开始时就会发现之前学习的内容已经完全忘记了，又要从零开始，如此反复，既浪费时间，也打击信心。所以，学习需要和身边的同学、朋友一起坚持，互相督促。学习过程中遇到问题及时解决，下面是笔者总结的解决问题三步走策略。

三步走解决学习过程中遇到的问题

第一步，独立思考，反复阅读书中的基础内容。笔者希望你能把本书当作课本，仔细阅读和理解，不怕慢，只怕不认真，独立解决问题会让知识记忆得更牢固。

第二步，希望你能牢记百度、知乎。感谢百度和知乎这两家伟大的公司，给我们提供了轻松搜索解决方案的地方。Python 语言已经存在了很多年，大部分的问题都可以在网上搜索到答案。关于搜索的方法，你可以直接把出错的英文单词放在百度上搜索，然后逐个查看结果。如果你实在搜索不到问题的答案，那么笔者建议你进行第三步。

第三步，关注微信公众号（data_circle）或者加入“Python 实战圈”与笔者一起讨论，或者请教圈里比较厉害的朋友。

英语不是学习 Python 编程的障碍

Python 编程语言是外国人发明的，我们免不了要会一点英语才能学会它。在 Python 编程中，英语主要体现在两个地方。第一个是 Python 语法中的英语单词，比如 if、while、class 等。这些只要英语有初中水平即可学习。另外对于变量的起名，你可以使用汉语拼音，不一定非得使用英语单词。第二个是 Python 错误提示，也就是代码出错时，提示的单词可能稍微复杂一点，但是错误的类型就那么几个，多查几个单词即可学会。在此笔者建议你在电脑中安装翻译词典，遇到不会的单词立即查看并记住。希望你不要因为英文不好而放弃学习 Python 编程。

学习 Python 编程过程中牢记三个字——写、背、练

写的意思是把书中所有代码独自写一遍。一定不要偷懒，感觉自己对某个知识点学会了，但是真正写起来是不一样的。写代码的过程也是你重新思考的过程。也许你会发现同一个知识点有更好的实现方法，这就融会贯通了。编程不需要千篇一律，只要实现功能，代码高效并且完成漂亮即可。在写代码的过程中，笔者建议你把每一天学习的内容整理成思维导图。画思维导图也是一种提高思维能力的方法。等你学完本书时，整个 Python 基础内容就完全在你的思维导图里了，此时，你联系笔者（关注微信公众号 data_circle）将会获得一份小小的神秘礼物。

背的意思是背诵。虽然 Python 编程是理科生的学习内容，但是里面有很多固定语法，比如什么是列表、什么是循环，以及如何定义函数等。笔者在书中已经用语法标出，这部分内容需要牢记。但是背诵并不是真的如背诵唐诗一样，这里的背诵是简单记住。也可以通过多写几遍书中的代码来记住它们。Python 基础内容中非常重要的就是语法部分，如果语法不会，那么很难学会编程，希望你在学习的过程中注意学习语法。

练的意思是写项目练习的内容。学 Python 最快的方法是动手做项目。书中给出了 8 个项目练习，建议大家先根据学到的基础内容独自完成，再参考书中的答案。需要指出的是，书中的每一个项目都有很多种实现方法，大家的方法也许会比书中给出的好。

在此也希望你能根据每天学习的内容，独立完成项目练习。如果遇到任何问题或者难点，那么请关注微信公众号（data_circle）或者扫码加入“Python 实战圈”，与数千名圈友一起学习，每天根据进度要求打卡，并且提交作业。笔者会用心批阅每一份作业，给出修改建议。最后，希望你通过本书的学习，彻底学会 Python 基础内容，能看懂其他人的代码，以后无论遇到什么项目都可以独立完成。

如果你已经有了一定的基础，那么笔者建议你可以把本书当作工具书，需要的时候去查阅相关内容。比如你忘记了如何使用函数返回多个值，你可以找到该部分内容进行学习，反复阅读本书知识点，每一次都有不同的收获。

致谢

在写书的过程中，笔者得到了大量的帮助。

感谢“Python 实战圈”的数千名圈友，没有他们的鼓励和一起学习的氛围，笔者不可能完成此书的写作。

感谢妻子，在写书期间给了笔者很多支持和鼓励，还帮笔者调整了初稿文档的格式。

感谢数据君、爱数圈圈友的大力支持，在笔者写作过程中提出了很多意见，如果没有

他们的督促，那么本书的写作也不会这么顺利地完成。

感谢慧敏编辑，在书稿的审核过程中给笔者提供了很多修改意见。

感谢为本书撰写推荐语的各位老师，感谢你们对本书的支持和推荐。

感谢在笔者学习过程中，给过笔者帮助的每个人。

感谢为本书做出贡献的每个人！

读者服务

本书提供四大答疑服务，为你的 Python 学习之路保驾护航。

- 附赠全书案例的源代码。所有代码放在了微信公众号（data_circle）后台，关注后回复“附书代码”即可获得全部代码；回复“惊喜”还将获得作者为读者准备的精美见面礼。

- 作者一对一 VIP 服务。请添加作者小码哥微信 data_circle_yoni，获得一对一指导，并且拉入读者微信交流群。
- 学习交流 QQ 群服务。学习过程中遇到任何问题，也可以加入 QQ 群（723907431）交流。
- 与作者深入探讨问题或进一步了解 python，请随时电邮作者邮箱 724698621@qq.com。

作者

目　录

第 1 章

如何入门 Python 编程

作为初学者，大家脑子里肯定会有一大堆的疑问：我为什么要学 Python？它能为我带来什么？我能学会吗……本书第 1 章的内容将为大家解答这些疑问。

1.1 编程语言的选择

计算机编程语言有很多，在笔者接触到的语言里面，例如 Java、C++、C 等，Python 是最容易上手的一种语言。只要你会一点英语，且会打字，就可以学会。那么为什么很多人还是放弃了呢？笔者仔细想了一下，应该是忽略了实战，编程学会的唯一途径就是动手写代码。

选择该语言的另外一个原因就是 Python 功能强大，只有你想不到的，没有它做不到的。因为它有太多的库，官方的、第三方的都很多。这些库我们只要根据需要调用即可，十分方便。以后你精通 Python 了，也可以写一些库给其他人调用。

1.2 如何开始学习

开始学习之前一定要树立信心，相信自己能学会，并且可以坚持下来。这里给大家提供三步学习法。

第一步，学习 Python 的语法内容：编程语法是必须学习的硬指标，本书的目的是让大家学习一遍基础语法。

第二步，进入空虚解答。所谓空虚就是感觉自己学会了，但又心里没底的状态，解决方法是进行基础项目实战。根据基础内容，本书共设置了 8 个实战项目。

第三步，选择一个 Python 的应用方向，然后认真研究下去。

1.3 学习 Python 的捷径

学编程有没有捷径？如果有，那就只有一条：动手写代码。

具体来说就是，大家跟着书先模仿写代码，然后根据项目自己写代码。本书在每章末尾都会提供实战练习，巩固本章学习的内容。最后一章，我们设置了两个综合项目帮助大家巩固前 7 章的基础内容。

1.4 Python 版本的选择

目前主流的 Python 版本是 Python 2.x 和 Python 3.x。如果不是因工作要求用 Python 2.x，那么强烈建议大家选择 Python 3.x。因为 Python 3.x 是现在很多大公司都在使用的主流软件。

根据和“Python 之父“Guido van Rossum 的证实：Python 核心团队计划在 2020 年 1 月 1 日停止支持 Python 2.x，之后，该团队也将不会发布关于 Python 2 的新版本。届时，团队将会发布 python 3.x 的最新版本 3.8，之后的每个版本都会兼容以前的版本（Python 2.7 除外）。

以下为 Guido van Rossum 的英文原文：

Python 2 will reach its end of life on the first day of 2020. After that day no new versions will be released and it will no longer be supported by the Python core developer team. There will also be a version 3.8 by then. Finally, do emphasize that each version is backwards compatible with previous versions (except 2.7).

在 Python 3.x 的各种版本中，目前比较流行的是 Python 3.5、Python 3.6 以及最新的 Python 3.7。Python 3.6 有很多优化措施，比如字典的输出不会乱序，而它以前的版本会出现输出顺序不一致等问题。Python 3.7 版本还不太稳定，编程过程中容易出现一些“莫名其妙”的问题。本书的例子和实战练习采用的版本都是 Python 3.6。

1.5 Python 相关就业方面的选择

众所周知，Python 之所以功能强大，主要是因为 Python 具有非常丰富的第三方库。这也是 Python 的魅力所在，比如爬虫类的、人工智能类的等。相应地，我们可以选择的就业方向也就非常多。下面主要总结了七大就业方向，大家可以结合自身条件，认真选择一个主攻方向。“条条大道通罗马”，只要努力且认真学习 Python 代码，每一个方向都可以实现人生梦想。本节内容的目的是先让大家了解 Python 的就业方向，这也正是 Python 的魅力所在。当然，大家先不要着急选择方向，等到学完本书中的基础课程以后再选方向也不迟。

1.5.1 Web 网页工程师方向

现在越来越多的公司使用 Python 开发网站，比如知乎、豆瓣、小米等，主要工作内容是搭建网站。在需要新建功能时，用 Python 添加几行代码即可完成。据不完全统计，北上广深的 Web 网页工程师的月薪在 2 万元左右。

技术要求：Web 网页工程师分为前端和后端，需要掌握的技术主要有 Django、Flask、Bootstar 等。要想了解得更全面，最好再学习一下爬虫相关的库，以及连接数据库的库的使用方法。

1.5.2 网络爬虫工程师方向

简单来说，网络爬虫的工作就是从互联网上爬取自己需要的信息，目前也是 Python 从业者中做得最多的事情。北京地区的月薪在 1.8 万元左右。

技术要求：熟悉网页基本结构，熟练使用 Python 的 urllib request 库，以及各种爬虫框架。

1.5.3 自动化运维方向

自动化运维也是 Python 的主要应用方向之一。Python 可以实现自动化批量处理。比如 Python 在系统管理、文档管理、图片管理等方面都有非常强大的功能。

技术要求：熟练使用 Python 的 os 模块、文件管理模块、openpyxl 库、pypdf2 库等。

1.5.4 数据分析师方向

数据分析师是目前最火爆的职业之一。大数据分析就是利用 Python 处理大量的业务数据，经过加工与分析，得出对公司决策有用的信息。目前的薪资水平主要根据自己的能力而定，一般工作 3 年左右的数据分析师也能有上万元的月薪。

技术要求：具有统计学基础，需要掌握的 Python 第三方库有 Pandas、NumPy、matplolib 等。

1.5.5 游戏开发方向

Python 游戏开发工程师目前主要是写 Python 脚本，把新的功能加进去，易于维护，更加方便。或者直接用 Python 开发游戏。

技术要求：掌握 Python 中的 pygame 等库。

1.5.6 自动化测试方向

现在的测试越来越自动化，避免了大量枯燥的重复性工作。自动化测试方向主要的工作内容就是写 Python 测试脚本。工资待遇因公司的不同而有很大的区别。如果是大一点的公司，那么月薪可以达到 2 万元以上，小一点的公司月薪估计在 1 万元左右。

技术要求：熟悉测试方法，掌握 Python 中 UnitTest 等常用的库。

1.5.7 AI 方向

AI 方向是目前比较火的方向。工资待遇非常好，有的公司已经开出 40 万元的年薪给应届毕业生了。

技术要求：具有数学基础、统计学基础，掌握 Python 中 scikit-learn 等库。

1.6 注意事项

在正式进入 Python 学习之前，做好以下几件事情，可以帮你事半功倍。

1.6.1 牢记搜索

根据笔者学和教 Python 的经验，很多朋友遇到问题都是等着别人来解答，而不是自己主动搜索一下。这一点对学习特别不利。所以，笔者强烈建议大家遇到问题先在百度等搜索网站中找找答案。如果实在找不到解决方法，那么再求助身边的同学、朋友，或者上网联系笔者。这样做的目的不是拒绝大家提问，而是希望大家先学会主动学习，具备主动解决问题的能力。

1.6.2 学一点简单的英语

因为 Python 的错误信息提示是英文的，很多初学者看不懂，所以学一点英语很有必要。碰到不懂的词汇，建议大家用词典查一下它的意思，这样见得多了也就理解了、记住了，因为 Python 的错误提示就那么几类。

第 2 章

Python“三剑客”，你会用哪个

“工欲善其事，必先利其器。”第 2 章着重学习 Python 软件及“三剑客”的安装使用。

2.1 什么是 Python“三剑客”

目前，主流的 Python 开发环境有三个（完成开发环境即 IDE，Integrated Development Environment），分别是 PyCharm、Anaconda 和 Jupyter Notebook，我们称之为 Python“三剑客”。为了说明它们的主要区别，笔者引用“Python 实战圈”圈友劳元辉的一段话：

“三剑客”在手，感觉可以搞定天下报表和模型。Anaconda 的最大优势是，整体开发环境和第三方库的安装方便；Pycharm 的最大优势是，执行整个报表脚本和各种数据源的获取，还有定时脚本执行；Jupyter Notebook 的最大优势是，模型训练时每步即时执行，可以可视化地看到结果。

这段话准确概括了三者的区别。

大家可以根据自己的需要选择一个开发环境，然后阅读下文中对应的软件安装内容。如果你希望笔者推荐一款，那么笔者建议入门的读者选择 PyCharm，因为它简单、易学，有错误提示等功能。假如安装过程中遇到问题，你可以通过微信公众号联系笔者获得手把手的远程安装协助。如果你已安装了其中一款，或者有自己喜欢的其他开发环境，那么请忽略本章内容，直接进入第 3 章的学习。

在正式进入“三剑客”安装教程之前，你需要在计算机上安装 Python 软件，也就是安装

Python IDLE。但是，如果你选择的开发环境是 Anaconda，则请忽略此步骤，因为 Anaconda 软件已经自动安装了。

下面，分别介绍 Python 软件在 Windows 和 macOS 系统上的安装方法。

2.2 为 Windows 系统安装 Python 软件

2.2.1 下载地址

首先，打开 Python 软件官网下载页面（https://www.Python.org/downloads/），然后根据计算机系统选择合适的安装版本。如果是 Windows 系统，则单击“Windows”选项。Python 软件官网下载页面如图 2-1 所示。

图 2-1　Python 软件官网下载页面

2.2.2 安装

官方下载页面中有多个 Python 版本，如图 2-2 所示。本节以 Python 3.6.2 为例进行安装介绍。笔者建议大家安装 Python 3.6.x 版本，不推荐安装最新的 Python 3.7.x 版本。

Looking for a specific release?

Python releases by version number:

Release version	Release date		Click for more
Python 3.4.7	2017-08-09	Download	Release Notes
Python 3.5.4	2017-08-08	Download	Release Notes
Python 3.6.2	2017-07-17	Download	Release Notes
Python 3.6.1	2017-03-21	Download	Release Notes
Python 3.4.6	2017-01-17	Download	Release Notes
Python 3.5.3	2017-01-17	Download	Release Notes
Python 3.6.0	2016-12-23	Download	Release Notes

View older releases

图 2-2　多个 Python 版本

单击“Python 3.6.2”进入它的页面，如图 2-3 所示。

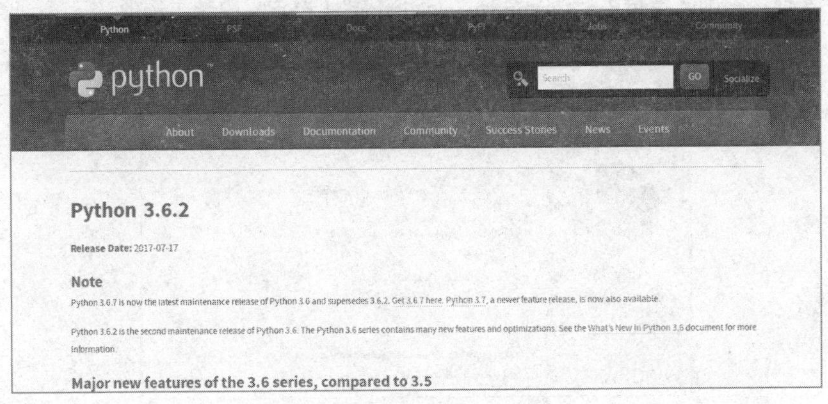

图 2-3　Python 3.6.2 的页面

在 Python 3.6.2 页面最下端可以看到“Files”，也就是下载页面（如图 2-4 所示）。在该页面中，你会看到不同的安装文件，例如带有“web-based installer”字样的文件表明需要通过联网才能完成安装；带有“executable installer”字样的文件采用可执行文件（*.exe）的方式安装，即可直接安装；带有“embeddable zip file”字样的文件表明安装的是嵌入式版本，可以集成到其他应用中。我们一般选择带有“executable installer”字样的文件来安装。下载之前，请先确定计算机是多少位的，如果是 64 位的，请选择“Windows x86-64 executable installer”下载。**一定要**确定自己的计算机系统是 32 位还是 64 位的，否则会出现错误。

Files

Version	Operating System	Description	MD5 Sum	File Size	GPG
Gzipped source tarball	Source release		e1a36bfffdd1d3a780b1825daf16e56c	22580749	SIG
XZ compressed source tarball	Source release		2c68846471994897278364fc18730dd9	16907204	SIG
Mac OS X 64-bit/32-bit installer	Mac OS X	for Mac OS X 10.6 and later	86e6193fd56b1e757fc8a5a2bb6c52ba	27561006	SIG
Windows help file	Windows		e520a5c1c3e3f02f68e3db23f74a7a90	8010498	SIG
Windows x86-64 embeddable zip file	Windows	for AMD64/EM64T/x64	0fdfe9f79e0991815d6fc1712871c17f	7047535	SIG
Windows x86-64 executable installer	Windows	for AMD64/EM64T/x64	4377e7d4e6877c248446f7cd6a1430cf	31434856	SIG
Windows x86-64 web-based installer	Windows	for AMD64/EM64T/x64	58ffad3d92a590a463908dfedbc68c18	1312496	SIG
Windows x86 embeddable zip file	Windows		2ca4768fdbadf6e670e97857bfab83e8	6332409	SIG
Windows x86 executable installer	Windows		8d8e1711ef9a4b3d3d0ce21e4155c0f5	30507592	SIG
Windows x86 web-based installer	Windows		ccb7d66e3465eaf40ade05b76715b56c	1287040	SIG

图 2-4　下载页面

Python 软件下载完成之后，你将得到一个 *.exe 文件，如图 2-5 所示。

python-3.6.2-amd64.exe	2018/11/19 1:04	应用程序	30,699 KB

图 2-5　Python 下载完后得到的*.exe 文件

双击该文件，进入安装界面，如图 2-6 所示。如果选择默认安装，则直接单击“Install Now”选项；否则，请单击“Customize installation”（自定义安装）选项。

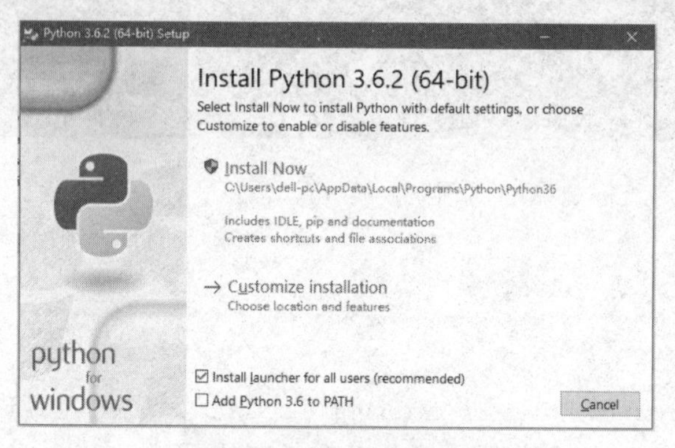

图 2-6　Python 安装界面

进入 Advanced Options 界面，如果修改安装路径，比如安装在 D 盘，那么请单击“Browse”按钮，选择安装路径，再单击“Install”按钮，如图 2-7 所示。

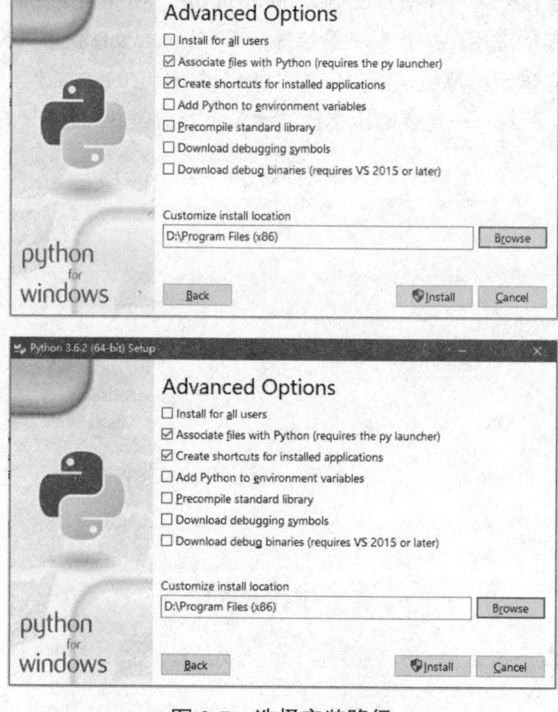

图 2-7　选择安装路径

进入 Python 安装进程界面，预计 2 分钟左右即可安装完成，如图 2-8 所示。

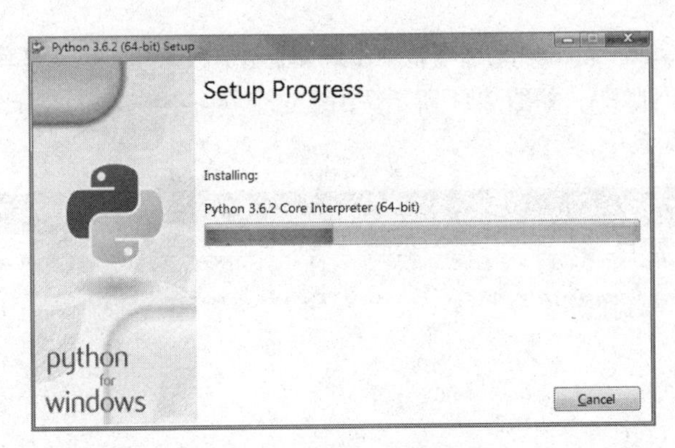

图 2-8　Python 安装进程界面

安装成功界面如图 2-9 所示。

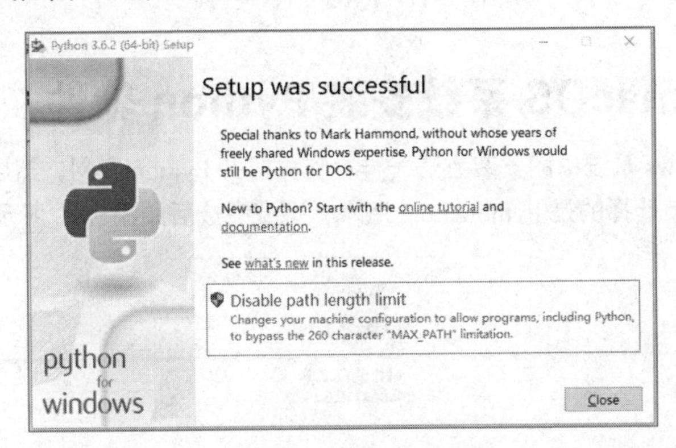

图 2-9　安装成功界面

2.2.3　开始使用

Python 软件安装完成以后，在“开始”→“所有程序”里找到 Python 3.6 文件夹，如图 2-10 所示。

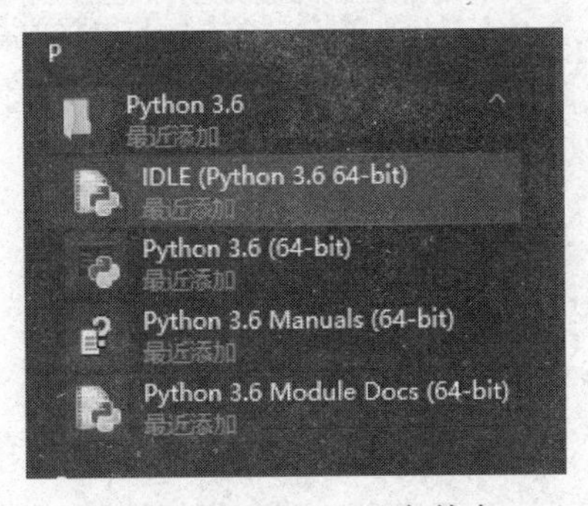

图 2-10　Python 3.6 文件夹

单击 IDLE(Python 3.6 64-bit)选项就会出现交互式开发环境，也就是写代码界面。此时可以尝试写 print('你好')，如图 2-11 所示。由于这个界面不够友好，因此笔者推荐大家接着安装"三剑客"之一。

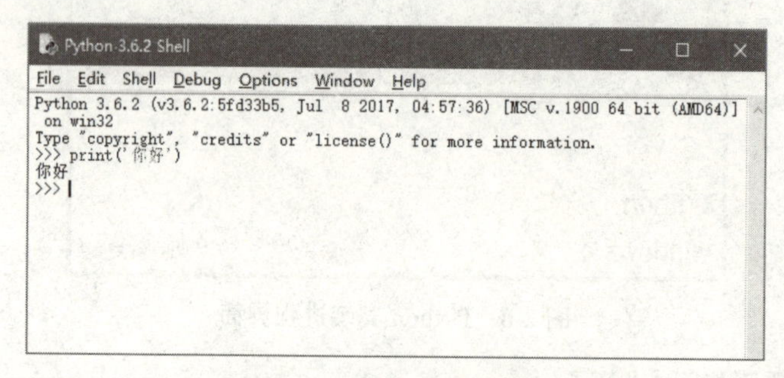

图 2-11　Python 代码界面

2.3 为 macOS 系统安装 Python 软件

与在 Windonws 系统中的安装方法一样，首先打开 Python 官网，然后选择"macOS"下载该软件。本节选择的是 Python 3.6.5 版本，下载完成后如图 2-12 所示。

图 2-12　为 macOS 系统安装 Python 3.6.5

双击该软件图标进入安装界面，如图 2-13 所示。

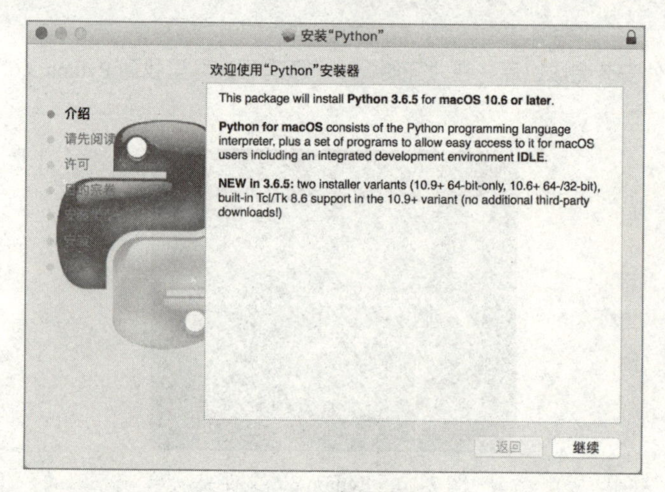

图 2-13　安装界面

依次单击“继续”按钮，直到出现安装类型界面，如图 2-14 所示。此处，我们选择默认安装。

单击“安装”按钮并输入计算机密码进入安装界面，如图 2-15 所示。

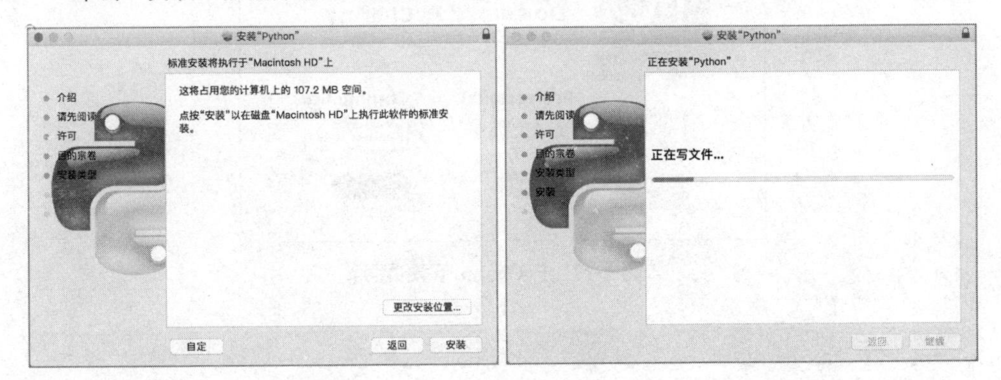

图 2-14　安装类型界面　　　　图 2-15　安装界面

大概 2 分钟，即可安装完成，如图 2-16 所示。

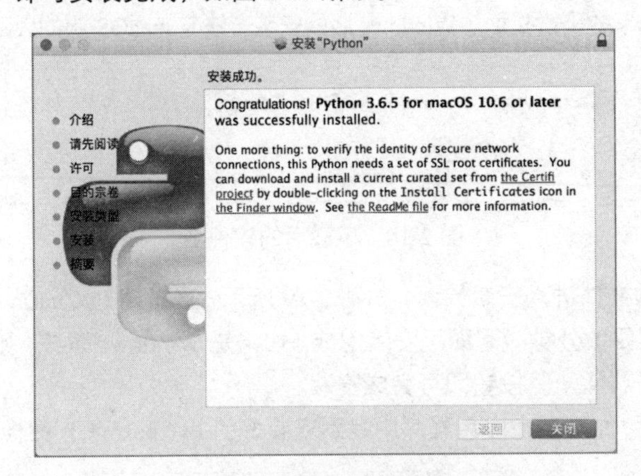

图 2-16　安装成功界面

2.4 PyCharm 简介

Python“三剑客”之一的 PyCharm 是由大名鼎鼎的 JetBrains 公司开发的，是目前最好用的 Python 开发 IDE 之一。它分为收费版（Professional）和社区版（Community）两个版本，对于初学者来说，社区版足够用了。

2.4.1　下载地址

首先，登录 PyCharm 下载页面（https://www.jetbrains.com/pycharm/download/），然后，根据个人需要选择社区版或者收费版，如图 2-17 所示。

图 2-17　PyCharm 下载页面

2.4.2　安装

本节以 macOS 版为例，我们安装社区版。首先，单击“Community”下的“DOWNLOAD”按钮下载，下载后的软件名如图 2-18 所示。如果你的系统是 Windows 的，那么请单击“Windows”按钮，进入 Windows 的下载页面。Windows 版的安装方法与 macOS 版的大致一样。

图 2-18　下载后的软件名

双击下载后的文件进入安装界面，如图 2-19 所示。直接把 PyCharm CE 拖到应用程序文件夹中，大概需要 1 分钟时间即可安装完成。如果是 Windows 系统，则双击下载后的文件，然后一直单击“Next”按钮即可完成安装。

安装完成以后，你可以在应用程序中找到安装好的 PyCharm CE 图标，如图 2-20 所示。

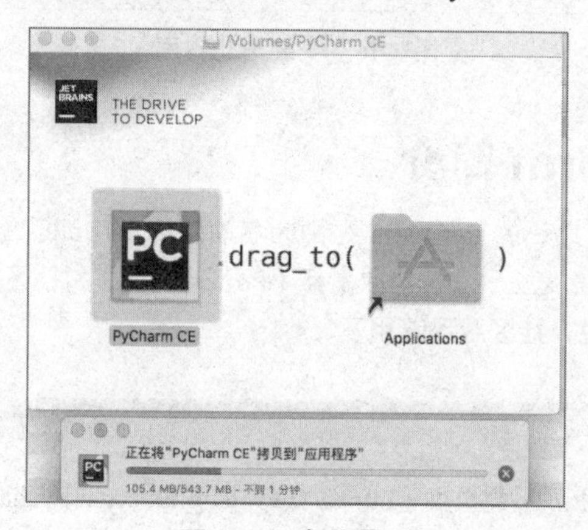

图 2-19　安装界面

图 2-20　PyCharm 图标

2.4.3　开始使用

双击“PyCharm CE”图标，进入它的启动界面，如图 2-21 所示。

图 2-21　PyCharm CE 的启动界面

等待 2 秒后，可以看到 PyCharm 的欢迎界面，如图 2-22 所示。

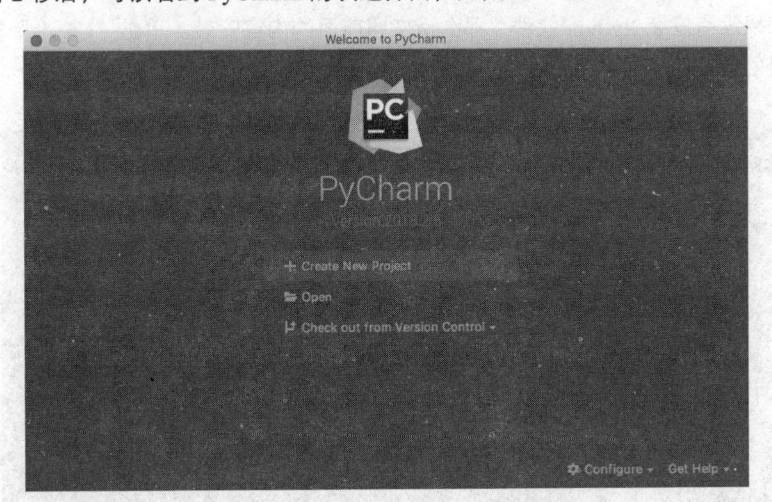

图 2-22　PyCharm 的欢迎界面

单击欢迎界面中的“Create New Project”选项，进入创建项目工程界面，如图 2-23 所示。项目工程是指用来保存和执行所有代码的环境。

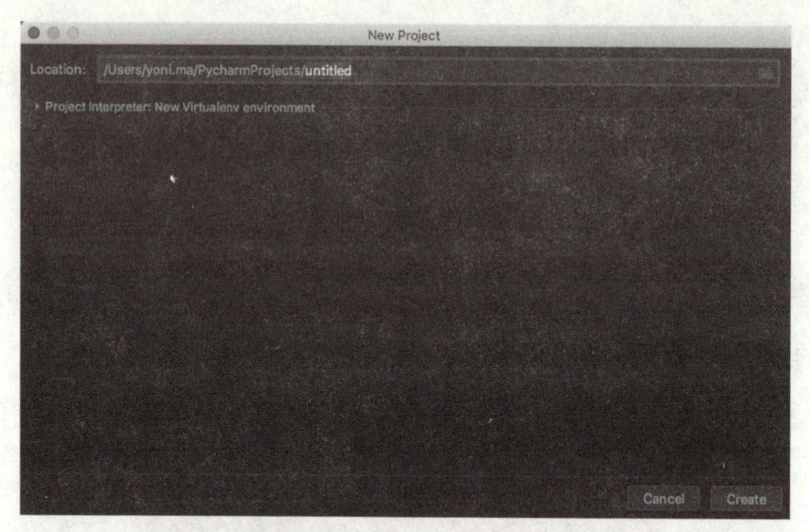

图 2-23　创建项目工程界面

其中，“Location”用于存放项目路径，你可以根据需要修改存放路径。路径中的“untitled”为默认项目名字。通常，我们推荐给项目取一个具有描述性的名字。每一个实际项目必须有一个 PyCharm 项目名字。例如，把 untitled 改为 Test_Python 来表示测试 PyCharm 的软件。

单击“Location”下面的“Project Interpreter”来添加项目使用的 Python 解释器，如图 2-24 所示。Python 解释器也就是前面安装的 Python 软件。如果安装成功，那么请直接选择 Existing interpreter 给出的解释器，图 2-24 中显示的 Python 3.6 是笔者之前安装的 Python 软件；如果没有安装 Python 软件，那么请按照前面的内容安装。单击“Create”按钮即可完成项目的创建。

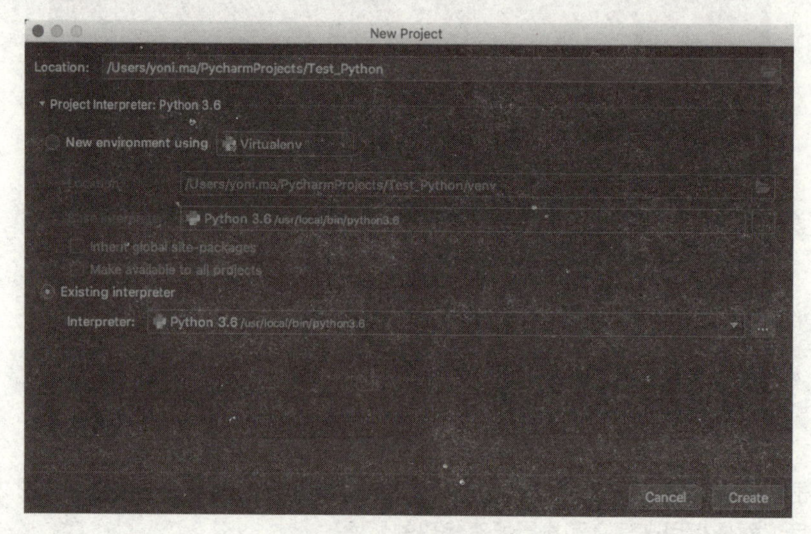

图 2-24　添加解释器

完成项目创建之后，我们就会看到程序工作界面。不过，这里会出现一个“Tip of the Day（每日一贴）”。每次打开它均会推送一些软件使用方面的提示，为了快速熟悉软件，笔者建议仔细阅读一下。如果不想每次打开软件都弹出该界面，那么可以取消勾选“Show tips on startup”复选框，永久关闭提示框，如图 2-25 所示。

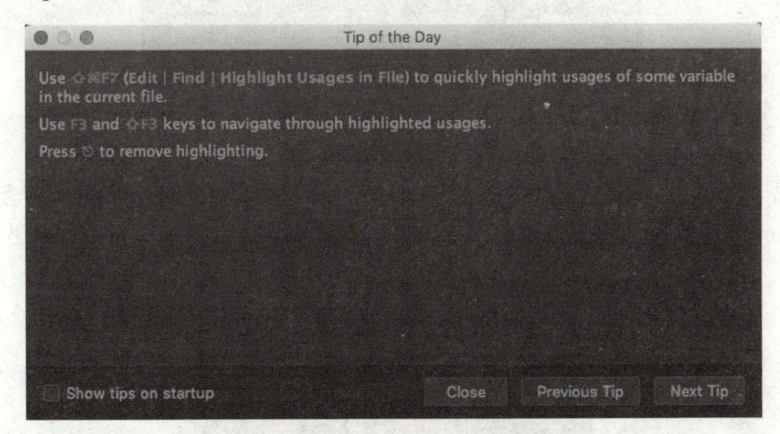

图 2-25 “Show Tips on Startup”选项

单击图 2-25 中的“Close”按钮，进入项目开发界面，如图 2-26 所示。界面左上角展示的是项目名字 Test_Python，项目名字下面为项目导航栏，可以快速定位想去的位置，比如项目文件。

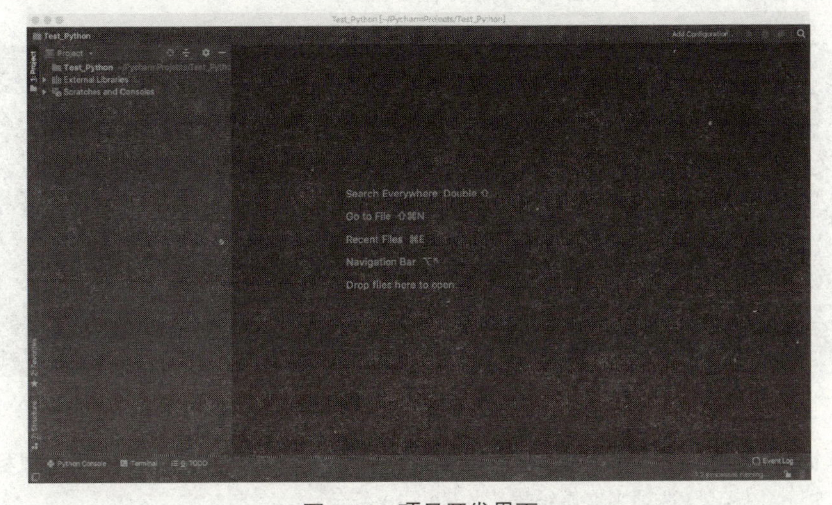

图 2-26 项目开发界面

在项目开发界面，我们通过鼠标右键单击项目导航栏中与项目同名的文件夹来创建项目文件，比如以鼠标右键单击“Test_Python”文件夹，选择“New”选项，如图 2-27 所示。

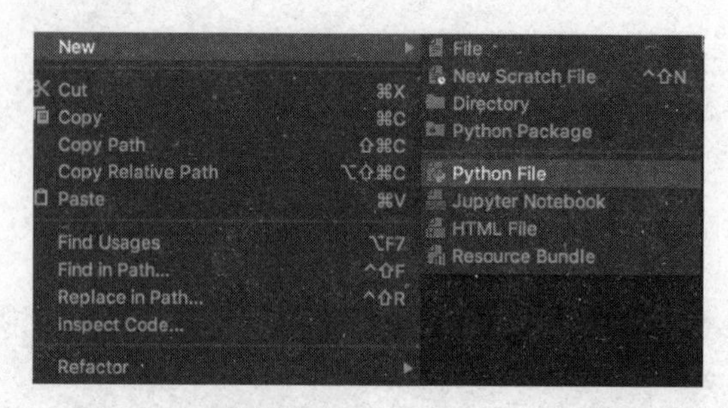

图 2-27　右键单击 Test_Python 的文件夹

弹出“New Python file”对话框，创建一个新的 Python 文件，如图 2-28 所示。其中，“Name”是给文件定义一个名字（建议一定要用英文，用中文特别容易出错），例如 Test。

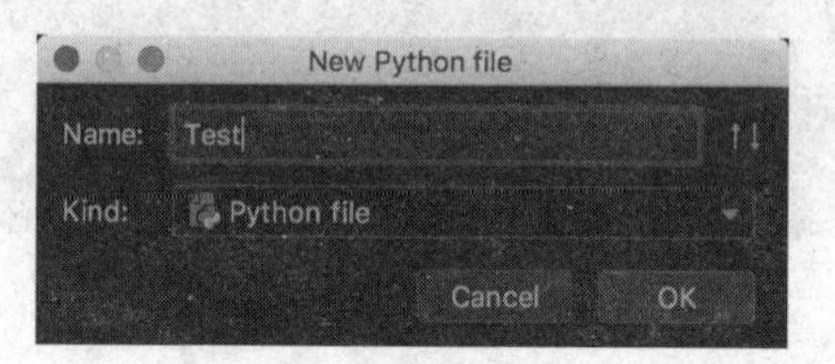

图 2-28　新建文件

接下来，再次单击“Test_Python”文件夹，就会发现多了一个 Test.py 文件。双击该文件，开始写代码，比如 print(‘你好’)，如图 2-29 所示。

图 2-29　Test.py 文件界面

代码写好以后，我们就可以运行了。在 print(‘你好’)界面的任意位置，单击鼠标右键选择“Run‘Test’”选项来查看结果，如图 2-30 所示。

结果如图 2-31 所示，我们发现多了一个窗口“Run”。该窗口用来展示输出结果，比如本例中的“你好”。如果代码出错，那么错误信息也在此窗口展示。到此，PyCharm 软件的安装与使用介绍完了，如果想获得更多关于 PyCharm 软件的使用技巧，那么请通过公众号联系笔者。

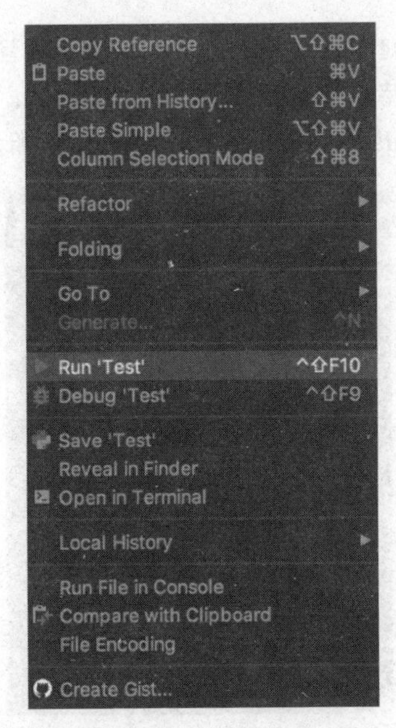

图 2-30　运行代码

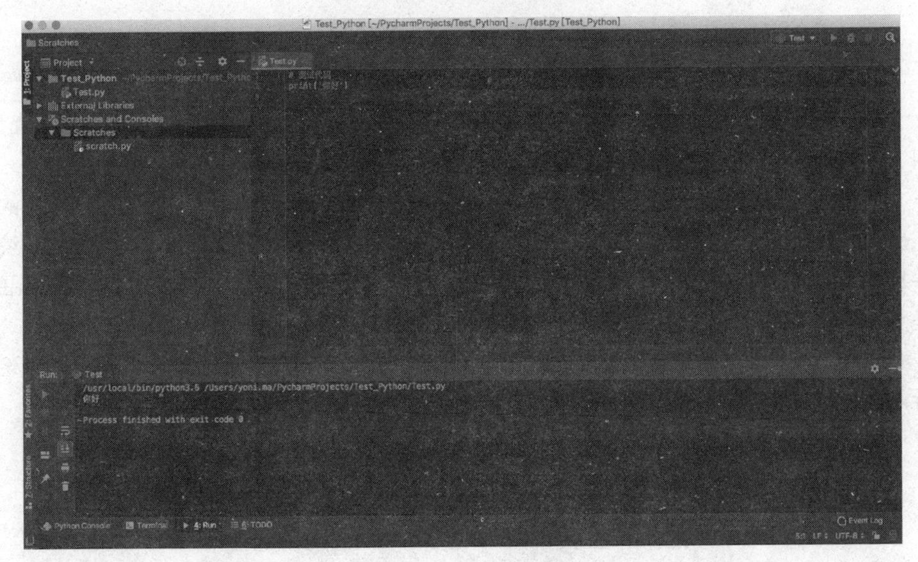

图 2-31　结果界面

2.5 Anaconda 简介

Python“三剑客”之一的 Anaconda 是一种 Python 免费增值开源发行版，用于进行大规模数据处理、预测分析、科学计算，致力于简化包的管理和部署。Anaconda 使用软件包管理系统 Conda 进行包管理，下载后直接双击安装即可。这款工具非常方便，我们只要安装它，就可以将 Python IDLE 环境自动安装成功，并且是 Python 3.x 版本。更加方便的是，一些常用的第三方库也会自动安装，比如 Python、NumPy、Pandas 及 Spyder 等，无须二次安装。Anaconda 安装完成的界面如图 2-32 所示。

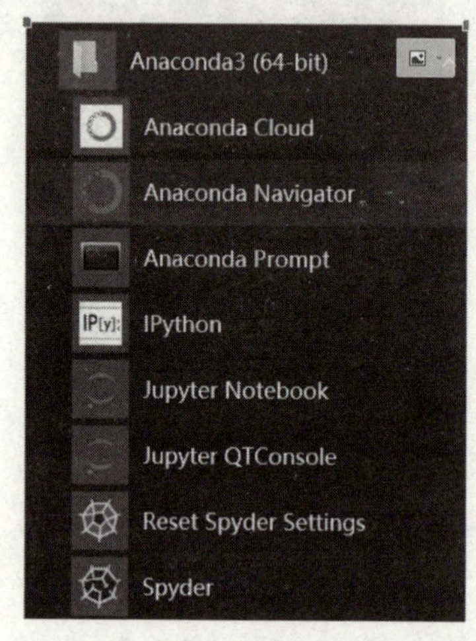

图 2-32　Anaconda 安装完成的界面

2.5.1　下载地址

Anaconda 的下载地址是 https://www.anaconda.com/download/，Anaconda 的下载界面如图 2-33 所示。

下载之前，首先明确自己的计算机系统（注意：Windows XP 系统不支持）是 64 位的，还是 32 位的。然后，选择合适的软件版本进行下载。笔者使用的是 Windows 64 位的系统，并且计划安装 Python 3.x，所以选择了 Windows 64bit 以及 Python 3.x 的版本（本节介绍的是 Windows 版的安装，macOS 版的安装也一样）。

注意：如果计算机系统是 32 位的，但是安装了 64 位的软件，那么你会遇到很多错误，所以在软件下载之前，请务必查询计算机系统的位数。

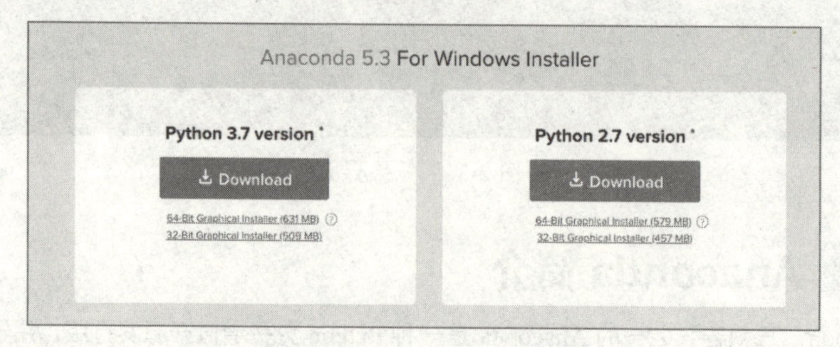

图 2-33　Anaconda 的下载界面

2.5.2 安装

这是一个常规的安装过程，大家跟着本书一步步地单击按钮即可完成安装。首先，双击下载后的.exe文件，启动安装界面，如图2-34所示。

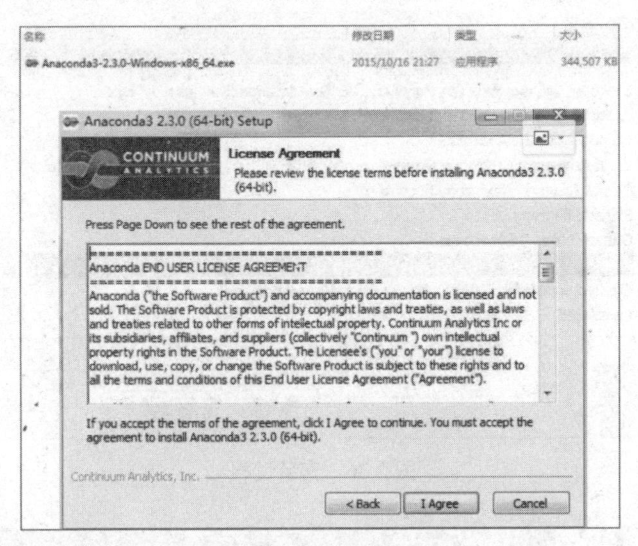

图2-34 启动安装界面

然后，单击“I Agree”按钮，进入“Advanced Options”选项，选择第一个复选框即可，如图2-35所示。

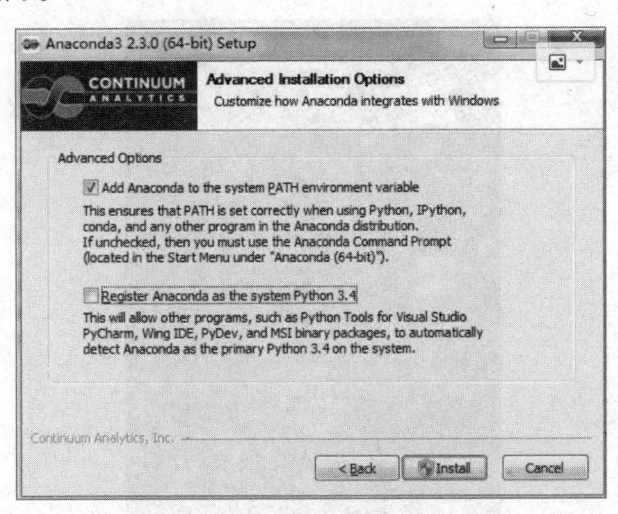

图2-35 Advanced Options

最后，单击“Install”按钮进入安装界面，如图2-36所示，等待2分钟即可安装完成。

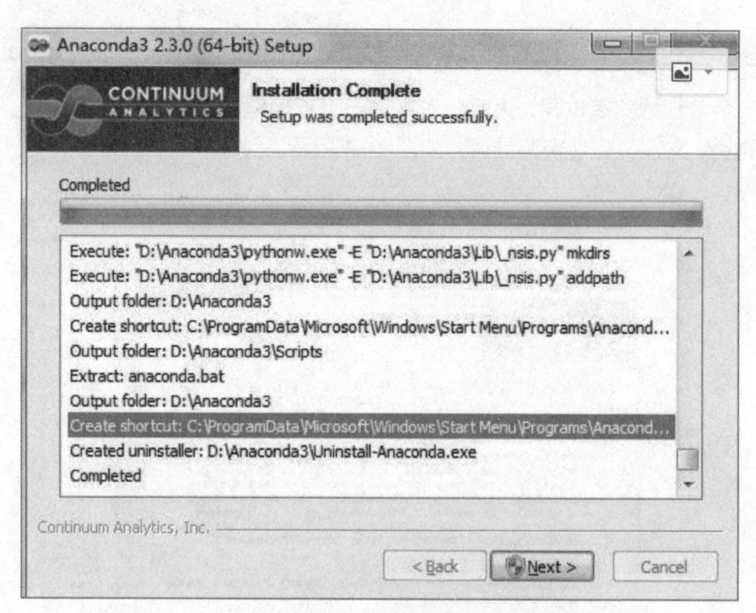

图 2-36　安装过程

2.5.3　如何使用 Anaconda

软件安装完成后，我们可以在所有程序中直接找到 Anaconda 文件夹，双击“Anaconda Navigator”，如图 2-37 所示。

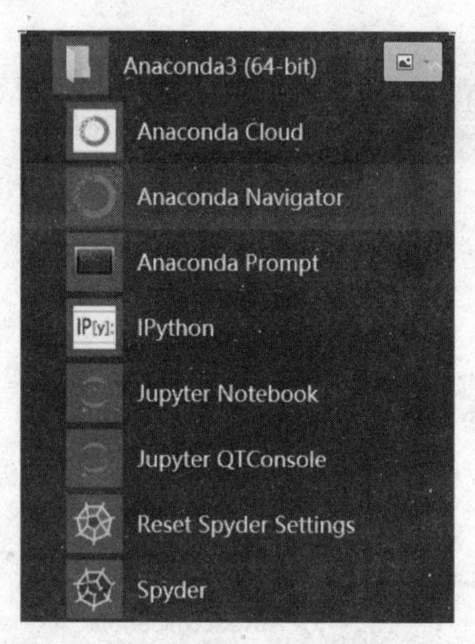

图 2-37　双击“Anaconda Navigator”

进入主界面，然后单击“spyder”下面的“Launch”按钮，如图 2-38 所示。

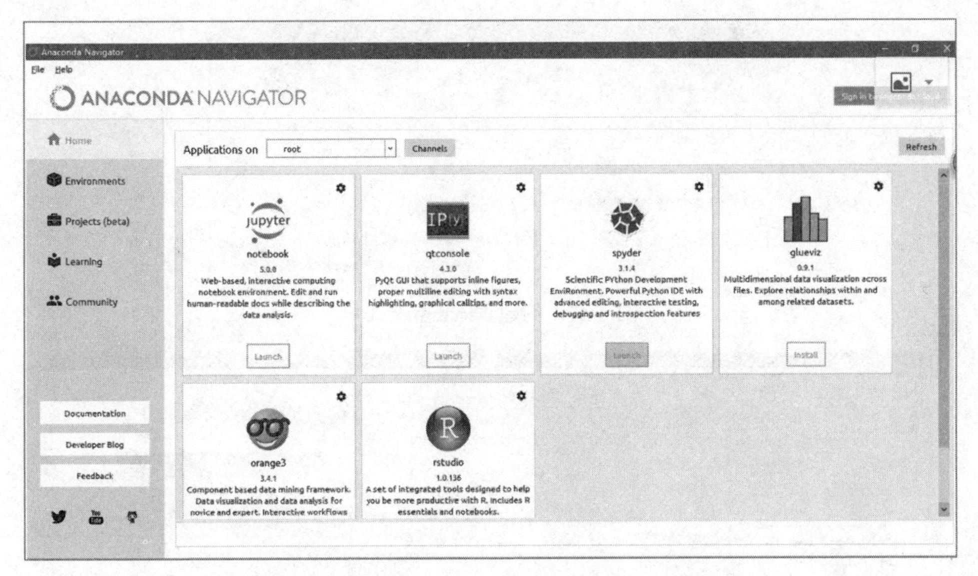

图 2-38　单击“spyder”下面的“Launch”按钮

弹出的新界面如图 2-39 所示。

单击“Projects→new projects”创建一个工程，命名为“Python”，结果如图 2-40 所示。

以右键单击工程名“Python→New→files”创建新文件，如图 2-41 所示。

创建一个名为“Temp.py”的文件，注意后缀名必须是.py，如图 2-42 所示。

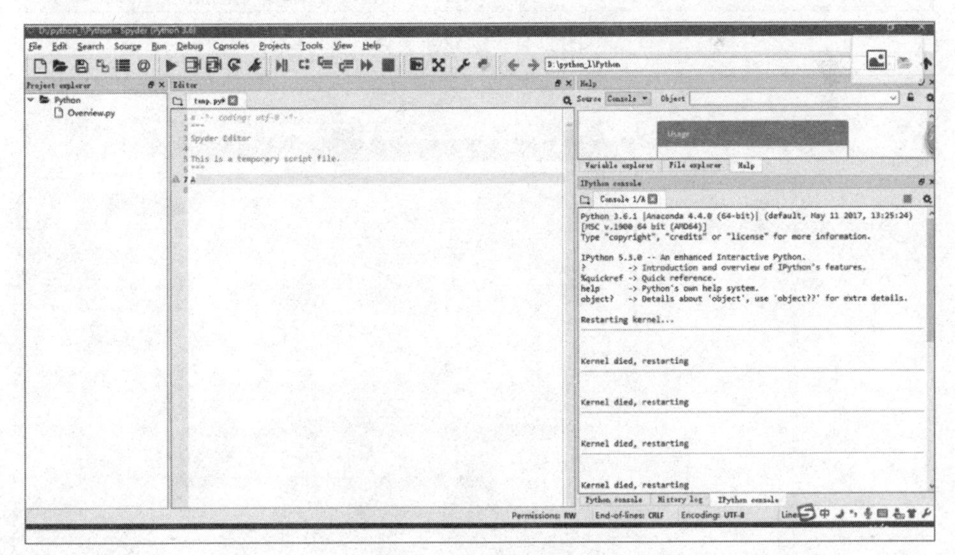

图 2-39　出现新界面

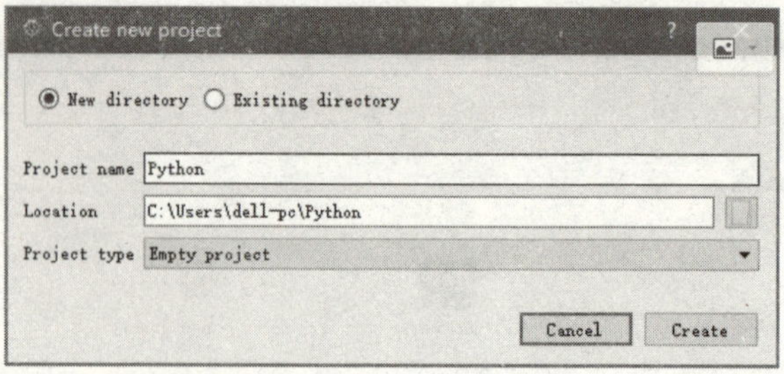

Create new project

New directory　Existing directory

Project name　Python

Location　C:\Users\dell-pc\Python

Project type　Empty project

Cancel　Create

图 2-40　创建“Python”工程

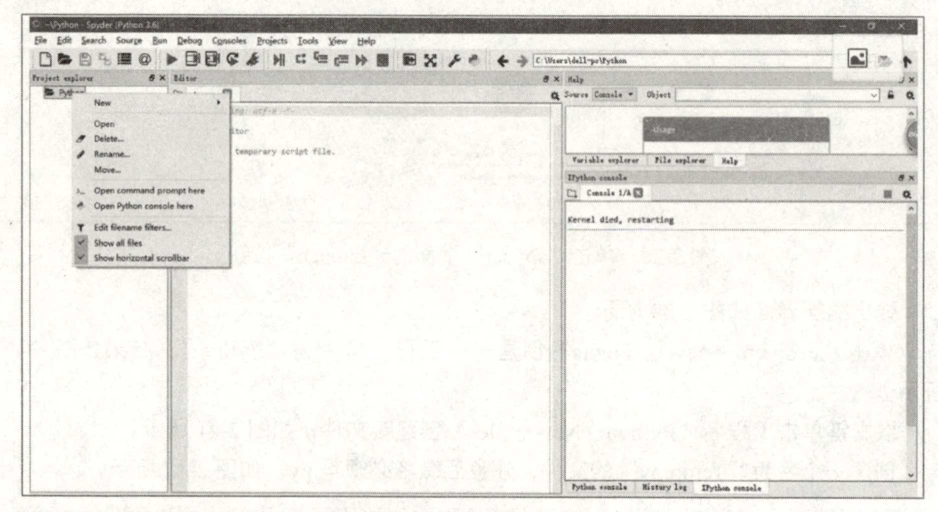

图 2-41　创建新文件

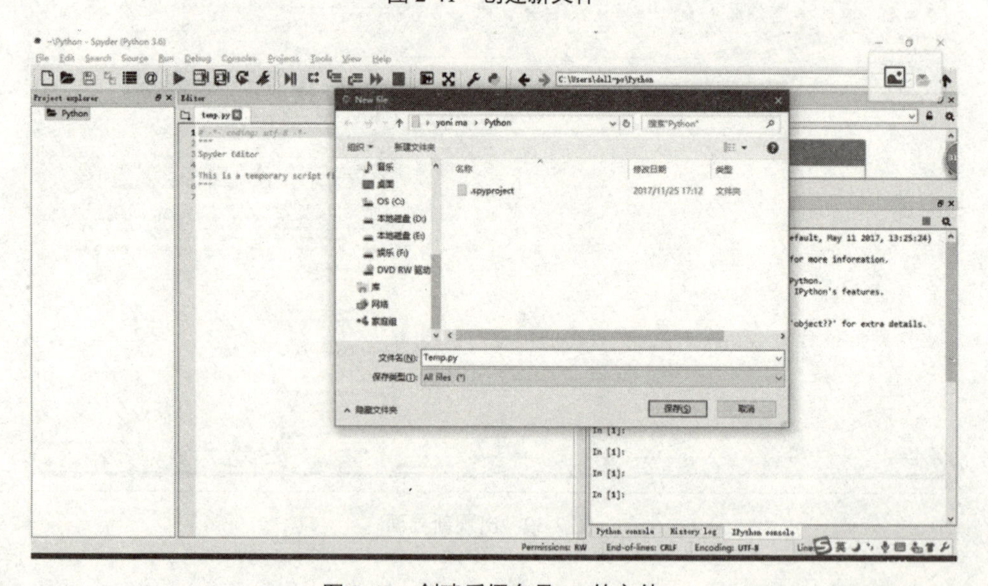

图 2-42　创建后缀名是.py 的文件

开始写代码，我们先写一个简单的 print()函数，如图 2-43 所示。

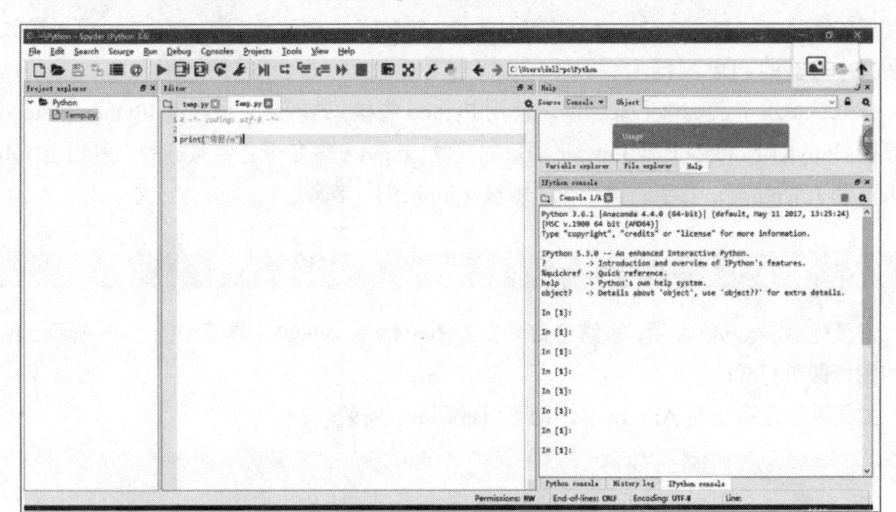

图 2-43　开始写代码

保存并选中需要运行的代码，单击“运行”按钮开始运行，结果如图 2-44 右下所示。

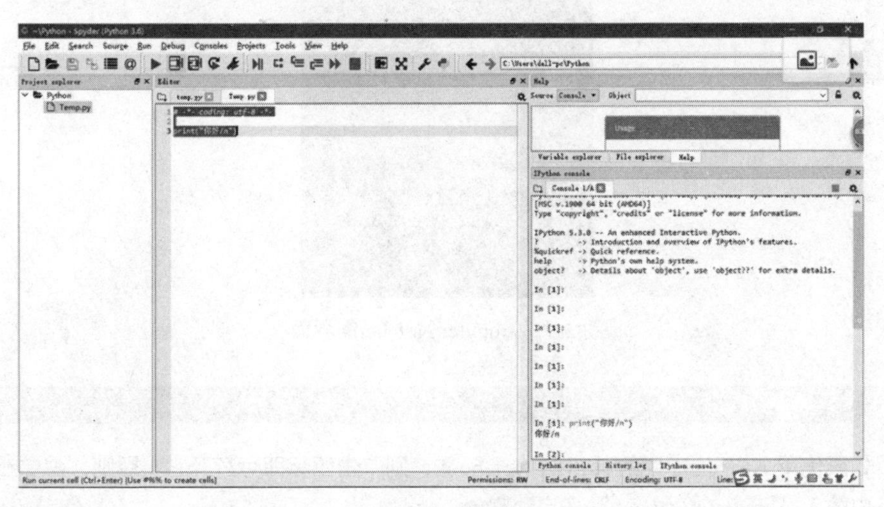

图 2-44　运行代码

2.6 Jupyter Notebook 简介

2.6.1 Jupyter Notebook 是什么

Jupyter Notebook 是一个交互式笔记本，可以支持 40 多种编程语言的运行。Jupyter

Notebook 能够将实时代码、公式、可视化图表以 Cell 的方式组织在一起，形成一个对代码友好的笔记本。Jupyter Notebook 同时支持 Markdown 语法和 LaTeX 语法，可以有效输出富文本方式的 PDF 文档。

在默认情况下，Jupyter Notebook 使用 Python 内核，这就是它原名是 IPython Notebook 的原因。Jupyter Notebook 是 Jupyter 项目的产物。Jupyter 得名于它要服务的三种语言 Julia、Python 和 R 的缩写，名字的读音与“木星（jupiter）”谐音。

2.6.2 安装

安装完 Anaconda 之后，系统会自动安装 Jupyter Notebook，界面如图 2-45 所示，单击它的图标即可打开。

如果系统没有安装 Anaconda，则可以使用 pip 安装。

```
pip install jupyter
```

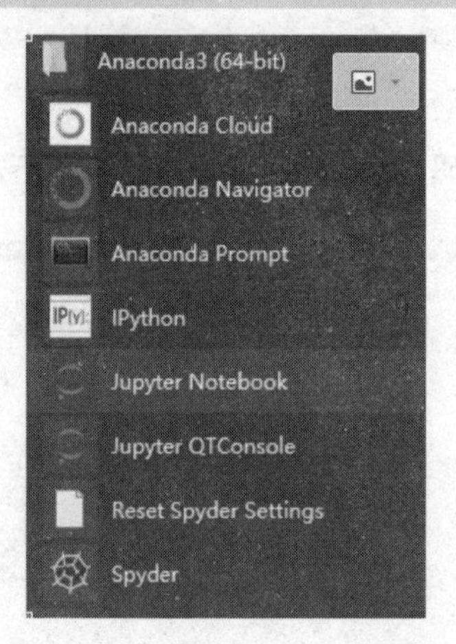

图 2-45 Jupyter Notebook 界面

2.6.3 启动

如果使用 Anaconda 中的 Jupyter Notebook，则单击图标即可打开它。否则，需要在命令行中输入“jupyter notebook”来启动它。

命令行启动如下所示。

```
    yoma-mac:~ yoni.ma$ jupyter notebook
    [I 14:53:37.699 NotebookApp] Serving notebooks from local directory: /Users/yoni.ma
    [I 14:53:37.699 NotebookApp] 0 active kernels
    [I 14:53:37.699 NotebookApp] The Jupyter Notebook is running at: http://localhost:8888/?token=5a34fce0ae58049abd40fe50e5f656aa2c7da57cb84bf0da
```

```
    [I 14:53:37.699 NotebookApp] Use Control-C to stop this server and
shut down all kernels (twice to skip confirmation).
    [C 14:53:37.700 NotebookApp]

        Copy/paste this URL into your browser when you connect for the
first time,
        to login with a token:

http://localhost:8888/?token=5a34fce0ae58049abd40fe50e5f656aa2c7da57
cb84bf0da
    [I 14:53:37.995 NotebookApp] Accepting one-time-token-authenticated
connection from ::1
```

启动完成后，你可以在 Jupyter Notebook 文件夹中启动 Jupyter 主界面，并且在浏览器中显示出来。注意，图 2-46 中显示的文件夹肯定与你的不一样，因为我们计算机中存放的文件不同。

图 2-46　Jupyter Notebook 启动界面

2.6.4　创建文件

在启动界面单击“New”按钮并在下拉菜单中选择启动的 Notebook 类型，此处选择“Python 3”，如图 2-47 所示。

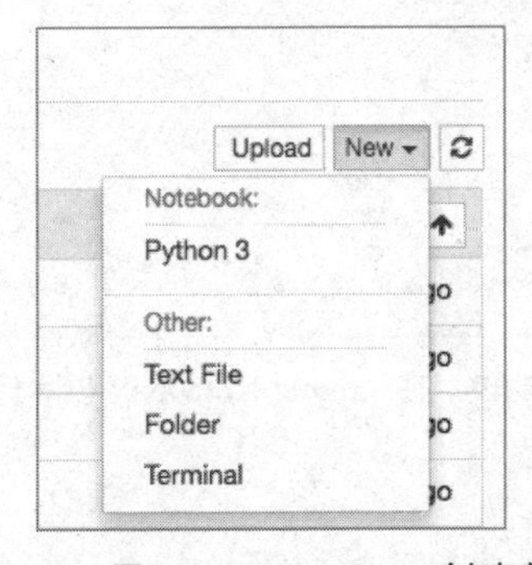

图 2-47　用 Jupyter Notebook 创建文件

然后，在浏览器中，可以看到一个新的网页被打开。这个网页就是 Jupyter Notebook 的主界面，但是里面什么都没有，如图 2-48 所示。

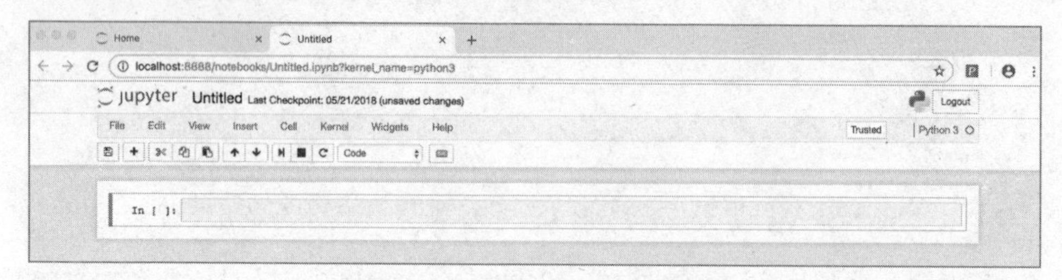

图 2-48　Jupyter Notebook 的主界面

通过观察图 2-48，我们发现 Jupyter Notebook 的主界面由以下几个部分组成。

- Jupyter Notebook 的名称，图 2-48 中的是 Untitled。双击它，可以把它替换成任何你想要的名字。
- 菜单栏，提供了保存、导出等功能。
- 快捷键，如运行代码、停止代码等。
- 主区域，代码编辑区也被称为单元格（Code Cell），该部分是写代码的地方。

2.6.5　如何写代码

在 Jupyter Notebook 中，单元格是以[]为开头的。在单元格中，我们可以输入任何代码，例如输入以下代码。

```
print('你好')
```

然后，我们单击菜单栏中的“Cell”命令，选中“Run Cells”，单元格中的代码就会被执行，并且鼠标光标也会被移动到一个新的单元格中。此时，你可以在单元格下面看到输出：你好，如图 2-49 所示。

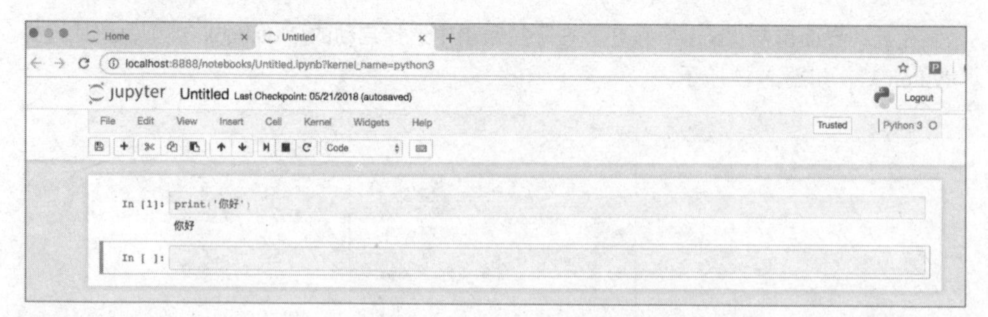

图 2-49　在 Jupyter Notebook 中写代码

第 3 章

夯实 Python 基础，为进阶做准备

3.1 第一次写代码

从本章开始，我们就正式进入写代码的阶段。不要害怕这件事情，写代码，其实和写作文一样，首先需要有一个题目，然后对题目进行拆解。至于文采，也就是代码漂不漂亮就是另一回事了，以后慢慢给大家介绍。相信很多读者看过很多 Python 基础入门的书籍，或者购买了很多 Python 的视频课，但还是不知道怎么写代码。其中的原因只有一个，就是编码的思路没有转变。希望本书能给大家带来的，不单单是编码的技能，更是编程思维的转变。

转变 Python 编码思路的唯一一个方法就是实战。只有在实战中你才能发现：代码因为少或者多了一个字母，或者是代码中用的是中文字符而不是英文字符导致没有出现预期结果；代码可以运行，没有语法错误，但结果却不是自己想要……但是当你通过模仿其他人的代码运行得到结果后，是不是也很有成就感。然后慢慢自己能学会设计代码，还有可能去教别人写代码。实战的方法只有一个“动手写代码”，本书共设置 8 个实战项目，希望你能认真完成练习。将模仿代码变成设计代码，最后能够自己写代码。

总之，我们的目标就是，给定任何一个开发项目，你脑中立即有编码思路，剩下的就是动手写一下代码而已。

3.2 数据——程序的原材料

在开始编码之前，我们需要明白两件事情：一是编码规则；二是什么是数据。

本书中的编码指的是编写 Python 高级编程语言。既然是语言，肯定有语法，并且也需要素材，你可以把它想成汉语或者英语，语言的语法就相当于编码的规则，这也是 Python 的编程基础。本书的目的是让大家学会 Python 基础编程。等基础语法完成时，我们就可以进入项目实战阶段。

接着介绍一下数据。

简单地说，数据就是在计算机中的任何东西，比如音乐、电影、文章等。Python 编程就是利用自己的语法规则对其进行加工处理，然后呈现出想要的数据结果。所以你可以把程序或者代码看成一个服装加工厂：布料就是程序中使用的数据，机器就是根据语法处理数据，衣服就是代码输出的结果。

有时数据太多，不好理解。对其进行分类是一个方法，非常便于理解与处理。Python 数据类型如表 3-1 所示。

表 3-1　Python 数据类型

数据类型	定　义
数字	和数学中的一样。分为整数与浮点数（小数）
字符串	用引号引起来的一系列文本字符，比如'I am a boy.'
布尔类型	真和假（True 和 False)，主要用来判断
空	代表无的概念，也就是 None
结构体	特殊数据类型，比如列表、字典等

3.3 学会写注释，方便你我他

注释就是在代码里添加的解释说明。代码是告诉阅读的人做什么事情，而注释是告诉阅读的人为什么这么做。这点在学习编程时特别重要，尤其在刚开始时一定要养成写注释的习惯，不要嫌麻烦，因为注释便于阅读代码的人理解。

在实际工作中，项目一般都很大，需要协作完成。如果没写注释就给下一个人阅读，那么阅读就可能变成一件特别痛苦的事情。有时候代码漂不漂亮也要看注释是不是全面。不过目前的普遍状况是，国内很多程序员，即使是工作了很多年的老程序员也不喜欢写注释。因为麻烦，他们认为这是多干活。这个观点是错误的，因为即使是自己写的代码，几年以后可能自己都不记得写的是什么了。另外，一些大公司代码注释写得都非常全面，比如 Google、Oracle 等。

在 Python 中，单行注释用井号（#）表示，注释就是#后面的内容；多行注释用一对三引号（''' '''）或者一对三个双引号（""" """）表示。单行注释一般用于某一行的解说说明，而多行注释一般用于整个文本或者某一个代码区域的解释说明，其中三个双引号表示对整个文档的说明。对于这些注释，Python 解释器不会执行具体的内容。在下面的例子中，Python 解释器会忽略注释，只输出 Hello World。

例子：多行注释与单行注释

```
"""
    本章为第三天内容：夯实基础的内容
    主要包括：
        数据类型
        变量等
"""
'''
    此处是多行注释
    可以写很多行
'''


# 打印输出 Hello World!
# 注意：请在#与注释内容中间留一个空格
print('Hello World!')
```

运行结果如下所示。

```
Hello World!
```

注意：*并不是每一行代码都需要注释，只有关键的地方才需要注释，例如，新的语法点、代码重点解决的问题、重要的细节、结论等。*

3.4 常量与变量

常量，顾名思义就是值不能被改变的量，比如 5、10 等数字或者一个字符串的文本。

与常量相对应的就是变量，顾名思义就是值一直在改变的量。因为值在改变，我们需要给它取一个名字，也就是标识符。在 Python 编程中，我们把标识符称为变量名，并且使用等号（=）把变量名和值关联起来，具体的语法是：

```
变量名 = 值
```

例子：

```
# 定义变量，并使用 print()函数打印出来
# my_name 是变量名，刘德华为值
# 变量名不变，值可以变，比如值换成周杰伦
my_name = "刘德华"
print(my_name)
my_name = "周杰伦"
print(my_name)
```

运行结果如下所示。

```
刘德华
周杰伦
```

注意：变量存在内存中。Python 语言对大小写敏感，例如 my_name 与 My_name 对于 Python 语言来说是两个不同的变量。

3.4.1 变量命名规则

变量命名是有一定规则的。如果违背了规则，则会出错，具体规则如下所示。

- 变量名只能以字母或下画线开头，不能以数字开头，但是可以以数字结尾。

例子：

```
 '''
   变量规则介绍：
   第一个语句错误；
   第二个语句正确
'''
3_log = 'This is a log file'
log_3 = 'This is a log file'
```

运行结果如下所示。

```
3_log = 'This is a log file'
    ^
SyntaxError: invalid token
```

- 变量名不能包含空格，否则认为是语法错误。比如 my name 是错误的，解决方法是使用下画线（ _ ）连接起来，变成 my_name。
- 不能用 Python 中的关键字作为变量名。

3.4.2 变量命名方法

在符合变量命名规则的前提下，变量名最好简短、易懂，即从变量名就能看出其代表的意思。比如 my_name 肯定比 a 好懂（千万不要使用 a、b、c 做变量名）。

当变量需要用两个以上单词表示时，常用的命名方法有两种。

- 第一种命名方法：驼峰式大小写，即第一个单词的首字母小写，第二个单词的首字母大写，例如 firstName、lastName。也可以每一个单词的首字母都采用大写，例如 FirstName、LastName、CamelCase。它也被称为 Pascal 命名法。
- 第二种命名方法：两个单词不能直接用连字符（ - ）或者空格连接，但是可以使用下画线连接，比如 first_name、last_name。

3.5 数字类型

3.5.1 整数

整数又称为整型，也就是 int 类型，在 Python 中，可以直接对整数进行算数运算。操作与操作符如表 3-2 所示。

表 3-2 操作与操作符

操 作	操作符
加	+
减	-
乘	*
除	/
取模	%
幂	**
取整除	//

例子：

```
'''
    整数运算
'''
# 加法
add = 3 + 4
# 在 Python 中，format 方法是格式化输出，也就是在{}处替换变量的值。后面项目
实战中会经
#常用到
print('3+4 的值是 {}'.format(add))

# 减法
sub = 10 - 8
print('10 - 8 的值是{}'.format(sub))

# 乘法
multi = 23 * 3
print(' 23 * 3 的值是{}'.format(multi))

# 除法
div = 10 / 2
print('10 /2 的值是{}'.format(div))

# 取模，返回除法的余数
delivery = 7 % 3
```

```
    print('7%3 的值是{}'.format(delivery))

    # 取整除，返回商的整数
    round_number = 7 // 3
    print(' 7 //3 的值是{}'.format(round_number))

    # 幂运算—X 的几次方
    power = 7 ** 3
    print('7**3 的值是{}'.format(power))
```

运行结果如下所示。

```
3+4 的值是 7
10 - 8 的值是 2
 23 * 3 的值是 69
10 /2 的值是 5.0
7%3 的值是 1
 7 //3 的值是 2
7**3 的值是 343
```

3.5.2 浮点数

带小数点的数字都是浮点数。它也可以进行类似整数的运算，比如加、减、乘、除等。

例子：

```
'''
    浮点数运算
'''
print('以下为浮点数运算的例子')
# 加法
add = 0.2 + 0.1
#Python 中，format 方法是格式化输出的，也就是在{}处替换变量的值。后面项目实战中会经常用到
print('0.2+0.1 的值是 {}'.format(add))

# 补充内容
# 格式化输出 format
# 在 Python 3.6 以上版本中，为了减少{}，可以使用 f' '的方法
com = 'Complex'
comp = 'complicated'

# Python 3.6 以下版本的用法
print('\n Python 3.6 以下的 format 用法：')
print('{} is better than {}'.format(com,comp))
```

```
# Python 3.6 以上版本的用法
print('\n Python 3.6 以上的 format 用法：')
print(f'{com} is better than {comp}')

# 减法
sub = 10.9 - 8.1
print('10.9 - 8.1 的值是{}'.format(sub))

# 乘法
multi = 0.1 * 3
print(' 0.1 * 3 的值是{}'.format(multi))

# 除法
div = 10.0 / 2.0
print('10.0 /2.0 的值是{}'.format(div))

# 取模，返回除法的余数
delivery = 7 % 4.3
print('7%4.3 的值是{}'.format(delivery))

# 取整除，返回商的整数
round_number = 7 // 4.3
print(' 7 //4.3 的值是{}'.format(round_number))

# 幂运算—X 的几次方
power = 7 ** 2.0
print('7**2.0 的值是{}'.format(power))
```

运行结果如下所示。

```
0.2+0.1 的值是 0.30000000000000004

Python 3.6 以下版本的 format 用法：
Complex is better than complicated
10.9 - 8.1 的值是 2.8000000000000007
 0.1 * 3 的值是 0.30000000000000004
10.0 /2.0 的值是 5.0
7%4.3 的值是 2.7
 7 //4.3 的值是 1.0
7**2.0 的值是 49.0
```

注意：结果包含的小数位数可能是不确定的，这个是可以忽略的。

3.6 布尔类型

Python 支持布尔类型的数据，布尔类型只有 True 和 False 两种值，但是布尔类型有以下几种运算。

1. 与运算：只有两个布尔值都为 True 时，计算结果才为 True。

例子：

```
True and True    # ==> True
True and False    # ==> False
False and True    # ==> False
False and False    # ==> False
```

2. 或运算：只要有一个布尔值为 True，计算结果就是 True。

例子：

```
True or True    # ==> True
True or False    # ==> True
False or True    # ==> True
False or False    # ==> False
```

3. 非运算：把 True 变为 False，或者把 False 变为 True。

例子：

```
not True    # ==> False
not False    # ==> True
```

布尔运算在计算机中用来做条件判断，根据运算结果为 True 或者 False，计算机可以自动执行不同的后续代码。

在 Python 中，布尔类型还可以与其他数据类型做 and、or 和 not 运算。

例子：

```
#布尔类型
a = True
print(a and 'a=T' or 'a=F')
```

运行结果如下所示。

```
a=T
```

计算结果不是布尔类型，而是字符串 a=T，这是为什么呢？因为 Python 把 0、空字符串和 None 看成 False，其他数值和非空字符串都看成 True，所以 True and 'a=T'计算结果是'a=T'。继续计算'a=T' or 'a=F'，所以计算结果还是'a=T'。

要解释上述结果，又涉及 and 和 or 运算的一条重要法则：短路运算。短路运算符的意思是，运算符左右的表达式只有在需要求值的时候才进行求值。比如 x or y，Python 从左到右进行求值，先对表达式 x 进行真值测试，如果表达式 x 是真值，则根据 or 运算符的特性，不管 y 表达式的 bool 结果是什么，运算符的结果都是表达式 x，表达式 y 不会进行求值。

在计算 a and b 时，如果 a 是 False，根据与运算法则，则计算结果必定为 False，因此返回 a；如果 a 是 True，则整个计算结果必定取决于 b，因此返回 b。

在计算 a or b 时，如果 a 是 True，根据或运算法则，则计算结果必定为 True，因此返回 a；如果 a 是 False，则计算结果必定取决于 b，因此返回 b。

所以 Python 解释器在做布尔运算时，只要能提前确定计算结果，就不会往后算了，直接返回结果。

3.7 字符串类型

3.7.1 什么是字符串

字符串就是一系列字符。在 Python 中，单引号、双引号或者三引号里面的内容就是字符串。如果字符串中包括单引号或者双引号，那么可以使用“\”对字符串中的字符进行转义。

例子：

```
# 单引号里面的文本就是字符串
'I am a boy'

# 双引号其实和单引号一样，一般推荐使用单引号
"欢迎你加入 Python 实战圈"

# 三引号表示的字符串，一般是很长的文字
# 三引号一般用来写文本注释
'''
我们实战圈的第一个项目就是“如何 7 天入门 Python”
每一天都会安排学习内容，只需要 40 分钟就可以搞定
学完以后记得写作业并提交到“知识星球”
刚开始，学习节奏放慢一些
计划三天更新一次内容
希望你能参与进来
'''

# 转意字符串(\n)
command = 'Let\'s go!'
print('\n 使用转义字符输出 ：  ',command)
```

运行结果如下所示。

```
使用转义字符输出 ：  Let's go!
```

3.7.2 字符串的基本用法

1．添加空白

在编程中，一定的空白输出是为了方便阅读。Python 常用的添加空白的方法有制表符（\t）、空格或者换行符（\n）。制表符表示把文字空两格输出。

例子：

```
# 添加空白
# 制表符可以组合使用
print("欢迎来到 Python 实战圈,\n")
print('\t 你想要学习 Python 的哪方面内容，请留言。')
```

运行结果如下所示。

```
欢迎来到 Python 实战圈,
你想要学习 Python 的哪方面内容，请留言。
```

2．拼接字符串

拼接字符串就是把两个或两个以上的字符串合并在一起。该操作在项目中经常用到，比如爬虫时，网页的正则表达式（以后会介绍）太长，可以用拼接的方法连接起来；也可以把两个变量的字符串拼接为一个等。Python 使用加号（+）来拼接字符串。

例子：

```
# 拼接字符串
log_1_str = 'The error is a bug.'
log_2_str = ' We should fix it.'
log_str = log_1_str + log_2_str
print('\n 拼接后的字符串就是：',log_str)
```

运行结果如下所示。

```
拼接后的字符串就是： The error is a bug. We should fix it.
```

3.7.3 字符串的常见运算

1．修改字符串的大小写

在 Python 中，你会经常听到的两个名词是函数和方法。函数就是能独自完成特定任务的独立代码块，可以被调用；方法是面向对象编程语言中使用到的名词。Python 是面向对象的编程语言，面向对象就是一切都是对象，比如你、我、他，统称为人（people），人就是一个对象。人可以奔跑（run），奔跑就是一个方法，合起来就是 people.run()。

例子：

```
# 字符串大小写转换
welcome = 'Hello, welcome to Python  practical circle'

# title()，每个单词的首字母大写
print('\n 每个单词的首字母大写： ', welcome.title())

# capitalize()，段落的首字母大写
print('\n 段落的首字母大写： ',welcome.capitalize())

# lower()，所有字母小写
print('\n 所有字母小写： ',welcome.lower())

# upper()，所有字母大写
print('\n 所有字母大写： ',welcome.upper())

# 大写转小写，小写转大写
print('\n 大写转小写，小写转大写： ',welcome.swapcase())

# String.isalnum()，判断字符串中是否全部为数字或者英文，符合就返回 True，
不符合就返回 False，如果里面包含符号或者空格之类的特殊字符，那么也会返回 False
print('\n 判断字符串是否全部为数字或者英文：',welcome.isalnum())

# String.isdigit()，判断字符串中是否全部为整数
print('\n 判断字符串中是否全部为整数：', welcome.isdigit())
```

运行结果如下所示。

```
每个单词的首字母大写：  Hello, Welcome To Python  Practical Circle

段落的首字母大写：  Hello, welcome to python  practical circle

所有字母小写：  hello, welcome to python  practical circle

所有字母大写：  HELLO, WELCOME TO PYTHON  PRACTICAL CIRCLE

大写转小写，小写转大写：  hELLO, WELCOME TO pYTHON  PRACTICAL CIRCLE

判断字符串是否全部为数字或者英文： False

判断字符串中是否全部为整数： False
```

2. 删除字符串两端的空白

删除字符串两端的空白，在数据清理时经常被用到。常见的操作是去除两端或者一端的空格。

例子：

```
    # 删除两端的空白
love_Python = '  Hello, Python Practical Circle  '

    # 删除字符串两端的空白
print('删除字符串两端的空白',love_Python.strip())

    # 删除字符串右侧的空白
print('删除字符串右侧的空白',love_Python.rstrip())

    # 删除字符串左侧的空白
    print('删除字符串左侧的空白',love_Python.lstrip())
```

运行结果如下所示。

```
删除字符串两端的空白 Hello, Python Practical Circle
删除字符串右侧的空白   Hello, Python Practical Circle
删除字符串左侧的空白 Hello, Python Practical Circle
```

3. 其他注意事项

Python 中字符串的操作非常多，以上只列出了部分常用操作。有一点需要注意的是，Python 中的字符串不允许修改值，只允许覆盖值。也就是说，字符串只能重新赋值。

3.7.4 字符串的切片

切片（slice）操作是 Python 中经常用到的操作。字符串的切片就是从一个字符串中获取子字符串（字符串的一部分）。我们使用一对方括号、起始偏移量（start）、终止偏移量（end），以及可选的步长（step）来定义一个切片。

语法：[start:end:step]

- [:] 提取从开头（默认位置 0）到结尾（默认位置-1）的整个字符串
- [start:] 从 start 提取到结尾
- [:end] 从开头提取到 end-1
- [start:end] 从 start 提取到 end-1
- [start:end:step] 从 start 提取到 end-1，每 step 个字符提取一个
- 左侧第一个字符的位置/偏移量为 0，右侧最后一个字符的位置/偏移量为-1

例子：

```
# 字符串切片
word = 'Python'
print(word[1:2])
print(word[-2:])
print(word[::2])
print(word[::-1])
```

运行结果如下所示。

```
y
on
Pto
nohtyP
```

3.7.5 各种类型之间的转换

在 Python 中，各个数据类型是可以互相转化的，并且可以使用 type()函数查看某一个变量的类型。

```
语法：type(变量名) 用来查看变量的数据类型
```

type()函数在实际项目中经常用到，因为只有知道了变量是什么类型才可以进行相应的运算，比如字典类型和列表类型有不同的运算。类型转换在项目实战中也经常用到，例如一个超市的月销售额是一个字符类型，转换为数字类型才可以进行统计，如计算平均数等，具体的转换语法如下所示。

语法：

```
float(a) 将变量 a 转换为浮点数
int(b) 将变量 b 转换为整数
str(c)将变量 c 转换为字符串
其中 a、b、c 为任意变量类型
```

例子：

```
'''
    各种数据类型之间的转换
'''

print('\n 各个数值类型的转换')
number = 100

# number 的数据类型是整型，用 int 表示
print('number 的数据类型是：')
print(type(number))

# 将整数转换为浮点数
float_number = float(number)
print('\nfloat_number 的数据类型是:')
print(type(float_number))

# 将整型转换为字符串
print('\nnumber 转换为字符串类型')
```

```
str_number = str(number)
print('str_number 的数据类型是:')
print(type(str_number))

# 将字符串转换为整型 int()或者浮点数 float()
print('\nstr_number 转换为数字类型')
int_str_number = int(str_number)
float_str_number = float(str_number)
print('int_str_number 的数据类型是：')
print(type(int_str_number))
print('float_str_number 的数据类型是:')
print(type(float_str_number))
```

运行结果如下所示。

```
各个数值类型的转换
number 的数据类型是:
<class 'int'>

float_number 的数据类型是:
<class 'float'>

number 转换为字符串类型
str_number 的数据类型是:
<class 'str'>

str_number 转换为数字类型
int_str_number 的数据类型是:
<class 'int'>
float_str_number 的数据类型是:
<class 'float'>
```

第 4 章

Python 数据结构原来并不难

4.1 什么是数据结构

数据结构是相互之间存在一种或多种特定关系的集合。也可以把数据结构理解为，将数据按照某种方式组合在一起的结构。Python 中的基本数据类型，例如整数、浮点数、字符串等。在 Python 中，常见的内置数据结构（也就是自带的）是列表、元组、字典等，在 Python 的第三方包中还有其他数据结构，比如 NumPy 中的 Datafram、Series。下面重点介绍 Python 中的内置数据结构。

4.2 列表

4.2.1 什么是列表

列表是由一系列按特定顺序排列的元素组成的，也就是列表是有序集合。在 Python 中，用方括号（[]）来表示列表，并用半角逗号来分隔其中的元素。可以给列表起一个名字，并且使用等号（=）把列表名字和列表关联起来，这叫列表赋值。

语法：

```
列名名字 = [元素 1, 元素 2,元素 3,........]
```

例子：

```
# 定义一个列表
# Python 实战圈成员列表
names_Python_pc = ['陈升','刘德华','杨幂','TFboys']
print(f'Python 实战圈的成员有：{names_Python_pc}')
```

运行结果如下所示。

```
Python 实战圈的成员有：['陈升', '刘德华', '杨幂', 'TFboys']
```

注意：列表中的元素个数是动态的，也就是可以随意添加和删除，这是列表与字符串的本质区别。字符串不能修改，列表是可以的。

4.2.2 列表的基本操作

在 Python 中，type()函数被用来查看变量的类型。只有知道了变量的类型才能对其进行相应的操作，因为不同的数据类型有不同的操作方法，比如字符串有自己独特的一系列操作方法。同样，我们可以使用该函数查看列表在 Python 中的类型，如下所示。

例子：

```
# 查看变量的类型
print('names_Python_pc 的数据类型是：',type(names_Python_pc))
```

运行结果如下所示。

```
names_Python_pc 的数据类型是： <class 'list'>
```

在实际项目中，变量的各种类型都会用到。看到<class 'list'>就表示变量的类型是列表，我们才可以对其进行列表的各种操作。列表常见的操作有访问元素、添加元素、修改元素、删除元素，以及列表排序等。这些操作中经常使用的两个术语是函数和方法，我们需要知道二者的区别。函数是独自的一个功能单元，可以直接使用，例如函数 len(列表名)用于求列表的元素长度；而方法依附于对象，调用方法是对象.方法()。方法是面向对象的一个重要概念。随着我们使用频率的增加，方法和函数就自然而然被记住了，不需要刻意背诵。

1. 访问列表元素

列表是有序的，每一个元素都自带位置信息，也就是索引。在编程语言中，索引是从零开始的，而不是从 1 开始的。第 0 个索引对应的元素就是第 1 个元素，以此类推，比如在列表 names_Python_pc 中，第 0 个索引对应的列表元素就是陈升；第 3 个索引，也就是最后一个元素对应的是 TFboys，如图 4-1 所示。

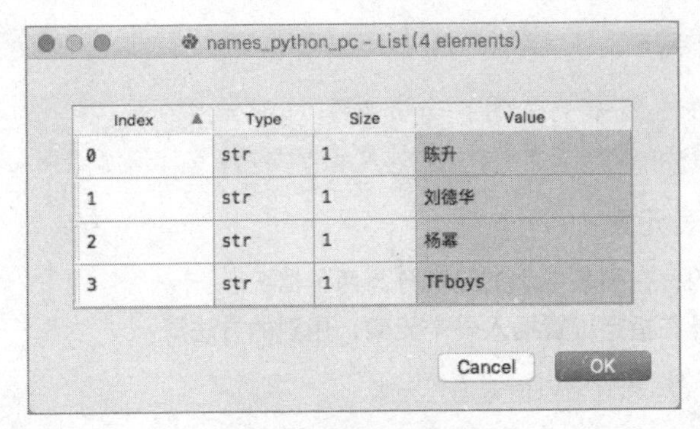

图 4-1　列表示例

根据索引访问列表元素，只需要指出索引号即可。

语法：

```
列表名[索引号]
```

例子：

```
# 根据索引访问列表元素，并赋值给变量 three_str
three_str = names_Python_pc[2]
# 直接打印（print）列表元素或根据变量打印，在项目中经常用到
print(names_Python_pc[2])
print('列表中第三个元素是：{}'.format(three_str))
```

运行结果如下所示。

```
杨幂
列表中第三个元素是：杨幂
```

访问列表中最后一个元素的方法有两种。

（1）第一种方法是通过索引号来获取。这个特殊的语法特别有用，尤其在项目中，不知道一个 Excel 文件具体有多少列，但是知道最后一列是想要获取的信息时，就可以使用该方法。

（2）第二种方法是明确知道列表有多少列，使用最后一列的索引号即可。

例子：

```
# 两种方法访问最后一个元素
names_Python_pc[-1]
print('使用第一种方法，获得列表最后一个元素是{}'.format(names_Python_pc[-1]))
names_Python_pc[3]
print('使用第二种方法，获得列表最后一个元素是{}'.format(names_Python_pc[3]))
```

运行结果如下所示。

```
使用第一种方法，获得列表最后一个元素是 TFboys
使用第二种方法，获得列表最后一个元素是 TFboys
```

2. 添加列表元素

列表是可变的，在列表中添加元素分为两种情况。

（1）第一种是在指定位置插入一个元素，用到的方法是：

```
# insert 方法 根据索引位置插入元素
insert(index,x)
index 是准备插入到其前面的那个元素的索引；x 为需要插入的元素。
```

例子：

```
print('原来的成员列表：{}'.format(names_python_pc))
names_python_pc.insert(0,'魏璎珞')
print('插入新的成员以后的列表：{}'.format(names_python_pc))
```

运行结果如下所示。

```
原来的成员列表：['陈升', '刘德华', '杨幂', 'TFboys']
插入新的成员以后的列表：['魏璎珞', '陈升', '刘德华', '杨幂', 'TFboys']
```

（2）第二种是在列表的末位添加元素,用到的方法是：

```
# append(x)  x 为需要插入的元素，并且是插入到列表的最后
```

例子：

```
# append(x)
print('原来的成员列表：{}'.format(names_python_pc))
names_python_pc.append('傅恒')
print('插入新的成员以后的列表：{}'.format(names_python_pc))
```

运行结果如下所示。

```
原来的成员列表：['魏璎珞', '陈升', '刘德华', '杨幂', 'TFboys']
插入新的成员以后的列表：['魏璎珞', '陈升', '刘德华', '杨幂', 'TFboys', '
傅恒']
```

这两种方法相比。第一种比第二种的计算代价更高，因为第一种方法的插入位置不确定，之后的所有元素不得不在内部自己移动位置。而第二种方法是在末尾插入，相对比较快。

在项目开发中，第二种方法经常被用来构建一个新的列表。首先，创建一个空的列表，然后在程序运行的过程中使用 append()方法添加元素。

例子：

```
# 构建新的列表
yan_xi_gong_luo = []
yan_xi_gong_luo.append('皇上')
yan_xi_gong_luo.append('富察皇后')
yan_xi_gong_luo.append('高贵妃')
yan_xi_gong_luo.append('纯妃')
print('使用 append()方法构建列表:{}'.format(yan_xi_gong_luo))
```

运行结果如下所示。

```
使用 append()方法构建列表:['皇上', '富察皇后', '高贵妃', '纯妃']
```

3．修改列表元素：

修改列表元素与访问列表元素一样，根据索引即可修改元素的值。

```
语法：
列表名[index] = '新的值'
```

例子：

```
# 修改第三个元素的值
names_python_pc[2] = '扶摇'
print('修改后的成员列表:{}'.format(names_python_pc))
```

运行结果如下所示

```
修改后的成员列表:['魏璎珞', '陈升', '扶摇', '杨幂', 'TFboys', '傅恒']
```

4．删除列表元素

在项目中，我们经常需要删除列表中的元素。Python 可以根据索引值删除，也可以根据元素值删除。如果知道要删除的元素的位置，则可以根据索引值删除，用到的是语句 del()或者方法 pop。语句 del(index)根据索引值删除元素，并且删除后不可以赋值给任何变量；方法 pop()删除列表尾部的元素，或者 pop(index)索引值删除，但是 pop()方法删除后的元素可以赋值给变量。这就是两者的最大区别。

语法：

```
del 列表名[index]
列表名.pop()
列表名.pop(index)
```

例子：

```
# 删除列表中的魏璎珞
del names_Python_pc[0]
print('del 语 句 删 除 列 表 中 的 魏 璎 珞 后 的 列 表 是
```

```
{}'.format(names_Python_pc))

    # POP()方法删除列表中的傅恒
    delete_name = names_Python_pc.pop()
    print(f'pop()方法删除的元素是{delete_name}')

    # 根据索引删除扶摇
    delete_name_index = names_Python_pc.pop(1)
    print(f'pop根据索引删除的元素值是{delete_name_index}')
```

运行结果如下所示。

```
    del 语句删除列表中的魏璎珞后的列表是['陈升', '扶摇', '杨幂', 'TFboys', '
傅恒']
    pop()方法删除的元素是傅恒
    pop根据索引删除元素值是扶摇
```

如果我们不记得要删除的列表元素的位置，只是记得值，则可以采用 remove()方法。即使列表中有多个类似的值，remove()方法一次也只能删除一个。

语法：

```
    列表名.remove('值')
```

例子：

```
    print("原来的列表是:",names_Python_pc)
    # 删除列表中的TFboys
    names_Python_pc.remove('TFboys')
    print(f'删除后的列表是{names_Python_pc}')
```

运行结果如下所示。

```
    原来的列表是: ['陈升', '杨幂', 'TFboys']
    删除后的列表是['陈升', '杨幂']
```

5. 列表排序及其他

很多时候，我们需要先对列表中的元素排序，再进行运算。列表排序分为永久性排序和临时性排序两种。永久性排序是真正修改列表元素的排列顺序，用到的方法是 sort()，默认为升序。如果是降序，那么添加参数 reverse=True。另外 sort()方法中有一些选项很有用，比如使用字符串的长度排序；而临时性排序不改变原来的排列顺序，用到的函数是 sorted()方法。它返回一个新建的已排序列表，原来的列表顺序不受影响。

语法：

```
    永久性排序：列表名.sort()
    临时性排序: sorted(列表名)
```

除了排序，列表中还有很多重要的方法，比如方法 copy()用于复制列表，函数 len()用于求列表长度，函数 reverse()用于反转列表等。

例子：

```
"""
    Copy(复制)
    Count(计数)
    Index(返回索引位置)
    reverse ( 用于反转列表)
    sort(永久性排序)
    sorted(临时性排序)
"""

# 构建列表
list_1 = ['p','f','b','a','d','e','f','g']
# 复制列表
list_2 = list_1.copy()
print('复制列表：',list_2)

# 统计列表中 f 出现的次数
print('统计列表中 f 出现的次数', list_1.count('f'))
print('b 所在的位置', list_1.index('b'))

# 颠倒顺序
print('原来的元素顺序:', list_1)
# 永久颠倒顺序
list_1.reverse()
print('颠倒后的元素的顺序:', list_1)

# 默认升序
list_1.sort()
print('升序排列元素', list_1)
list_1.sort(reverse=True)
print('降序排列元素', list_1)
print('list_1 长度为:' ,len(list_1))

# 根据长度排序
names_Python_pc = ['Baby', 'Andy Liu', 'We', 'TFboys']
print('原来的顺序是：',names_Python_pc)
names_Python_pc.sort(key = len)
print('根据元素长度排序后的结果是：',names_Python_pc)

# 临时排序
temp_list = sorted(list_1)
print('临时排序', temp_list)
```

```
print('原来的列表元素顺序',list_1)
```

运行结果如下所示。

```
复制列表: ['p', 'f', 'b', 'a', 'd', 'e', 'f', 'g']
统计列表中 f 出现的次数 2
b 所在的位置 2
原来的元素顺序: ['p', 'f', 'b', 'a', 'd', 'e', 'f', 'g']
颠倒后的元素的顺序: ['g', 'f', 'e', 'd', 'a', 'b', 'f', 'p']
升序排列元素 ['a', 'b', 'd', 'e', 'f', 'f', 'g', 'p']
降序排列元素 ['p', 'g', 'f', 'f', 'e', 'd', 'b', 'a']
list_1 长度为: 8
原来的顺序是: ['Baby', 'Andy Liu', 'We', 'TFboys']
根据元素长度排序后的结果是: ['We', 'Baby', 'TFboys', 'Andy Liu']
临时排序 ['a', 'b', 'd', 'e', 'f', 'f', 'g', 'p']
原来的列表元素顺序 ['p', 'g', 'f', 'f', 'e', 'd', 'b', 'a']
```

在 Python 编程中，我们经常使用 in 和 not in 来判断一个元素是否在列表中。如果满足则返回 True，否则返回 False。

例子：

```
# 使用 in 判断一个元素是在列表中
names_Python_pc = ['陈升','刘德华','杨幂','TFboys']
in_e = '刘德华' in names_Python_pc
print('使用 in 判断一个元素是在列表中', in_e)

# 使用 not in 判断一个元素不是在列表中
not_in_e = 'fuyao' not in names_Python_pc
print('使用 not in 判断一个元素不在列表中',not_in_e)
```

运行结果如下所示。

```
使用 in 判断一个元素是在列表中 True
使用 not in 判断一个元素不在列表中 True
```

在数据分析中，经常需要把两个列表拼接成一个列表。在 Python 中，我们使用加号（+）把两个已经存在的列表拼接为一个新的列表；也可以使用 extend 方法向已存在的列表中添加另一个列表。注意，第一种方法代价高，推荐使用 extend 方法拼接两个存在的列表。除了拼接列表，有时候还需要复制多份同样元素的列表。在 Python 中，使用星号（*）可以复制多份同样元素的列表。

```
# 使用 + 连接两个列表
names_Python_pc = ['陈升','刘德华','杨幂','TFboys']
number = [2, 5, 7, 8]
linked_list = names_Python_pc + number
print('连接后的列表是：{}'.format(linked_list))
```

```
# 使用 extend 方法向已存在的列表添加多个元素
names_Python_pc.extend(number)
print('使用 extend 方法添加列表元素：{}'.format(names_Python_PC))

# 使用 * 重复列表元素
number = number * 2
print('使用*重复列表元素：',number)
```

运行结果如下所示。

```
连接后的列表是：['陈升', '刘德华', '杨幂', 'TFboys', 2, 5, 7, 8]
使用 extend 方法添加列表元素：['陈升', '刘德华', '杨幂', 'TFboys', 2, 5,
7, 8]
使用*重复列表元素： [2, 5, 7, 8, 2, 5, 7, 8]
```

4.2.3　列表的高级用法

1. 列表切片

列表切片是处理列表的部分元素，也就是把整个列表切开。它是整个列表中的重点内容，在 Python 项目中经常用到。另外，我们需要注意的是，Python 中符合序列的有序序列都支持切片（slice），例如列表、字符串、元组。

语法：

```
[start:end:step]
start:起始索引，从零开始
end：结束索引，但是 end-1 为实际的索引值
step：步长，步长为正时，从左向右取值。步长为负时，反向取值
```

注意：切片的结果不包含结束索引，即不包含最后一位索引，-1 代表列表的最后一个位置索引。

例子：

```
'''
    切片
'''
name_fuyao = ['扶摇','周叔','国公','无极太子','医圣','非烟殿主','穹苍']

# 指定开始和结束的位置，注意不包括最后的位置元素
print('《扶摇》电视剧人物列表中第 3 个到第 5 个人物的名字:',name_fuyao[2:5])

# 不指定开始的位置，则默认从头开始
print('《扶摇》电视剧人物列表中前 5 个人物的名字:',name_fuyao[:5])

# 不指定结束的位置，则从开始位置到结束
print('《扶摇》电视剧人物列表中从第 6 位开始到最后的人物的名
```

```
字:',name_fuyao[5:])

    # 开始和结束位置都不指定
    print('《扶摇》电视剧人物列表中的名字:',name_fuyao[:])

    # 负数索引表示返回距离列表末位相应距离的元素，也就是取列表中后半部分的元素
    print('《扶摇》电视剧人物列表中最后三个人物的名字:',name_fuyao[-3:])

    # 取偶数位置的元素
    print('《扶摇》电视剧人物列表中偶数位置的人物是:',name_fuyao[::2])

    # 取奇数位置的元素
    print('《扶摇》电视剧人物列表中奇数位置的人物是:',name_fuyao[1::2])

    # 逆序列表，相当于 reversed(list)
    print('《扶摇》电视剧人物列表中人物颠倒顺序:',name_fuyao[::-1])

    # 在某个位置插入多个元素
    # 也可以用同样的方法插入或者删除多个元素
    name_fuyao[3:3]=['玄机','太渊','天煞']
    print('《扶摇》电视剧人物列表中人物变为:',name_fuyao)

    # 复制列表,相当于 copy(),复制以后的新的列表是一个新的，可以对其操作
    # 注意，如果 new_name_fuyao = name_fuyao 是变量赋值，也就是同一个值给了两个变量，
那么一个# 值改变了，另外的两个值也跟着改变。
    new_name_fuyao = name_fuyao[:]
    print('新的列表元素:{}'.format(new_name_fuyao))
```

运行结果如下所示。

```
    《扶摇》电视剧人物列表中第 3 个到第 5 个人物的名字: ['国公', '无极太子', '医圣']
    《扶摇》电视剧人物列表中前 5 个人物的名字: ['扶摇', '周叔', '国公', '无极太子',
'医圣']
    《扶摇》电视剧人物列表中从第 6 位开始到最后的人物的名字: ['非烟殿主', '穹苍']
    《扶摇》电视剧人物列表中的名字: ['扶摇', '周叔', '国公', '无极太子', '医圣',
'非烟殿主', '穹苍']
    《扶摇》电视剧人物列表中最后三个人物的名字: ['医圣', '非烟殿主', '穹苍']
    《扶摇》电视剧人物列表中偶数位置的人物是: ['扶摇', '国公', '医圣', '穹苍']
    《扶摇》电视剧人物列表中奇数位置的人物是: ['周叔', '无极太子', '非烟殿主']
    《扶摇》电视剧人物列表中人物颠倒顺序: ['穹苍', '非烟殿主', '医圣', '无极太子',
'国公', '周叔', '扶摇']
    《扶摇》电视剧人物列表中人物变为: ['扶摇', '周叔', '国公', '玄机', '太渊',
'天煞', '无极太子', '医圣', '非烟殿主', '穹苍']
    新的列表元素:['扶摇', '周叔', '国公', '玄机', '太渊', '天煞', '无极太子',
'医圣', '非烟殿主', '穹苍']
```

2. 列表的其他常用用法

（1）list()函数可以用来定义列表，比如把字符串 hello 变成列表结构。

语法：

```
list('字符串')
```

例子：

```
print('把字符串 hello 变成列表结构:',list('hello'))
```

运行结果如下所示。

```
把字符串 hello 变成列表结构: ['h', 'e', 'l', 'l', 'o']
```

另外，在数据分析中，我们经常使用 list()函数将迭代器或生成器转化为列表。

例子：

```
# 使用 range 生成 5 个数值，然后转化为列表
number =range(5)
print(number)
number_list = list(number)
print('使用 list()函数生成列表', number_list)
print('number 的类型是 ',type(number_list))
```

运行结果如下所示。

```
range(0, 5)
使用 list()函数生成列表 [0, 1, 2, 3, 4]
number 的类型是  <class 'list'>
```

（2）join()方法用于将序列中的元素以指定的字符连接生成一个新的字符串。

语法：

```
字符串名字.join(列表名字)
```

例子：

```
linked = '-'
data_list = ['Python','is','NO.1']
print(linked.join(data_list))
print(type(linked.join(data_list)))
```

运行结果如下所示。

```
Python-is-NO.1
<class 'str'>
```

（3）index()方法返回元素所在的索引位置。

语法：

```
列表名.index('元素名')
```

例子：

```
L1=['a','a','b','c','d','e','f','g']
print('b 所在的位置',L1.index('b'))
```

运行结果如下所示。

```
b 所在的位置 2
```

（4）len()函数用于计算列表的长度。

语法：

```
len(列表名)
```

例子：

```
print('L1 长度为:' ,len(L1))
```

运行结果如下所示。

```
L1 长度为: 8
```

4.3 元组

4.3.1 创建元组

列表是可以修改的数据结构，而元组的长度固定，不能修改元素值的数据结构。元组用圆括号表示，而列表使用方括号表示，请注意两者的区别。

语法：

```
元组名 = (元素 1,元素 2,...)
```

创建元组最简单的方法是用逗号分隔元素，元组自动创建完成。元组大部分时候是通过圆括号括起来的；空元组可以用没有包含内容的圆括号来表示；只含一个元素的元组，值后面也必须有逗号。

例子：

```
tup1 = 1,2,3
tup2 = "Python","Java"
# 创建元组
tup3 = (1,2,3,4)
# 创建空元组
tup4 = ()
# 只有一个元素的元组
tup5 = (1,)
# 不是元组，是一个整数
```

```
tup6 = (1)

print(tup1)
print(tup2)
print(tup3)
print(tup4)
print(tup5)
print(tup6)
print(type(tup6))
```

运行结果如下所示。

```
(1, 2, 3)
('Python', 'Java')
(1, 2, 3, 4)
()
(1,)
1
<class 'int'>
```

Python 中的 tuple()函数也可以创建元组，将任意序列或迭代器放在该函数内即可。

注意：该函数只接受任意序列或迭代器，不能是数字的组合，比如 tuple(1,2,3)。

在 Python 编程中，我们经常使用 tuple()函数把列表变成元组。另外，还可以通过双层圆括号来创建元组的元组。

```
# 使用 tuple()函数创建元组
tup2_tuple = tuple('Python')
print(tup2_tuple)

tup3_tuple = tuple(['Python','Java','C++'])
print(tup3_tuple)

# 构造元组的元组
tup7 = (1, 2, 3, 4),('Python','Java')
print('创建元组的元组:',tup7)

# 使用 tuple()函数创建元组的元组
tup_tuple = ((1, 2, 3, 4),('Python','Java'))
print('使用 tuple 函数创建元组:',tup_tuple)
```

运行结果如下所示。

```
('P', 'y', 't', 'h', 'o', 'n')
('Python', 'Java', 'C++')
创建元组的元组: ((1, 2, 3, 4), ('Python', 'Java'))
使用 tuple 函数创建元组: ((1, 2, 3, 4), ('Python', 'Java'))
```

我们还可以通过加号（+）把多个元组拼接在一起，形成更长的元组；也可以使用星号（*）生成多份同样的元组。

```
# 通过 + 生成更长的元组
tup8 = (1, 2, 3, 4) + ('Python', 'Java', 5) + ('C++',)
print('通过 + 生成更长的元组',tup8)

# 通过 * 生成多份同样的元组
tup9 = ('Python','Java') * 3
print('通过 * 生成多份同样的元组', tup9)
```

运行结果如下所示。

```
通过 + 生成更长的元组 (1, 2, 3, 4, 'Python', 'Java', 5, 'C++')
通过 * 生成多份同样的元组 ('Python', 'Java', 'Python', 'Java', 'Python', 'Java')
```

4.3.2 修改元组

元组创建完成以后，其各个位置上的值不可以修改，否则会得到一个错误提示：

```
'tuple' object does not support item assignment
```

但是，如果创建的元组中包括可变的对象，比如列表，那么可以修改它的值。

```
# 创建含有列表的元组
tup4_tuple = tuple(['Python',[1, 2, 3],'Java'])
print('创建含有列表的元组:',tup4_tuple)

# 试图修改元组的值
tup4_tuple[2] = 'C++'

# 可以修改元组中列表的值
tup4_tuple[1].append(4)
print('修改元组中的可变对象。修改后的元组是：',tup4_tuple)
```

运行结果如下所示。

```
创建含有列表的元组: ('Python', [1, 2, 3], 'Java')

TypeError: 'tuple' object does not support item assignment

修改元组中的可变对象。修改后的元组是： ('Python', [1, 2, 3, 4], 'Java')
```

元组的值虽然不能被修改，但是可以给存储元组的变量赋不同的值。并且元组中的任意一项都可以通过索引被单独访问。也就是说，元组中的每一项都有一个索引号，并且从零开始计数。与列表切片一样，元组也可以使用切片的方法访问列表中的元素。

例子：

```
    range = (30,40,50)
    print('old range is:\n')
    print(range)
    range = (60,70,80)
    print('new range is:\n')
    print(range)
    print('使用索引访问新元组中的第二个元素',range[1])
print('使用切片访问新元组中前两个元素',range[0:2])
```

运行结果如下所示。

```
old range is:
(30, 40, 50)
new range is:
(60, 70, 80)
使用索引访问新元组中的第二个元素 70
使用切片访问新元祖中的前两个元素 (60, 70)
```

元组中的值是不允许删除的，但是我们可以使用 del 语句删除整个元组，删除以后再输出就会报错，证明已被删除。

```
tup3_tuple = tuple(['Python','Java','C++'])
print(tup3_tuple)
# 删除元组
del tup3_tuple
print(tup3_tuple)
```

运行结果如下所示。

```
('Python', 'Java', 'C++')
Traceback (most recent call last):
  File "/Users/uple_p.py", line 99, in <module>
    print(tup3_tuple)
NameError: name 'tup3_tuple' is not defined
```

4.3.3 元组拆包

元组拆包是把元组的对象值分别赋值给不同的变量。

```
# 元组拆包
tup9 = ('Python', 'Java', 'C++')
print('原来的元组是:', tup9)
language_1, language_2, language_3 = tup9
print('元组拆包后的值分别是:')
print('language_1 = ', language_1)
```

```
print('language_2 = ', language_2)
print('language_3 = ', language_3)
```

运行结果如下所示。

```
原来的元组是：('Python', 'Java', 'C++')
元组拆包后的值分别是：
language_1 =  Python
language_2 =  Java
language_3 =  C++
```

注意：变量的数量必须和元组中对象的数量一样，否则会出错。

```
# 如果变量值和元素值不一致,则会报错!
language_1, language_2,  = tup9
```

运行结果如下所示。

```
ValueError: too many values to unpack (expected 2)
```

嵌套元组也可以拆包。

```
# 嵌套元组拆包
tup10 = 1, 2,('Python','Java')
print(tup10)
a, b, (me, xiaoming) = tup10
print(f'我最喜欢的语言是：{me}，小明最喜欢的语言是：{xiaoming}')
```

运行结果如下所示。

```
(1, 2, ('Python', 'Java'))
我最喜欢的语言是：Python，小明最喜欢的语言是：Java
```

如果我们只需要元组中的一个值，而不需要其他值，则用下画线（_）来表示不想要的变量，比如在下面的例子中，只想输出小明最喜欢的编程语言，那么就要用到两个下画线。但是，如果元组中元素很多，则需要很多下画线，这样操作十分麻烦。在 Python 中，可以使用*来表示变量名，比如*rest。因此，可以用*_表示多余的变量。

```
# 使用下画线表示不想要的变量
_ language_1, language_2, _ = tup9
print('小明最喜欢的编程语言是： ', language_2)
print()

# 使用*表示任意多个对象值
language_1, *rest = tup9
print('我最喜欢的编程语言是：  ', language_1)
print('我不喜欢的编程语言有：',*rest)
print()
```

```
# Python 中经常使用 *_表示不想要的变量
language_1, *_ = tup9
print('我最喜欢的编程语言是： ', language_1)
print('我不喜欢的编程语言有：',*_)

# *_也可以用在变量中间，比如生成 9 个数字，输出最后一个
number_1, number_2, *_, number_9 = range(10)
print('我最喜欢的数字是：',number_9)
```

运行结果如下所示。

```
小明最喜欢的编程语言是： Java

我最喜欢的编程语言是：  Python
我不喜欢的编程语言有： Java C++

我最喜欢的编程语言是：  Python
我不喜欢的编程语言有： Java C++
我最喜欢的数字是： 9
```

在 Python 编程中，我们可以使用“*变量名”给函数传递多个值，而不需要单独输入每一个值。在 Python 中，divmod(a,b)为一个内建函数（即直接可以使用的函数）。它返回 a//b 和 a%b 的结果组成的元组。

```
# 使用*变量名传递多个值给函数
number_10 = (81, 9)
print(divmod(*number_10))

# 未使用
print(divmod(81, 9))
```

运行结果如下所示。

```
(9, 0)
(9, 0)
```

在各种求职笔试中，我们经常被问到如何交换两个变量的值。Python 可以轻易地使用拆包功能实现。

```
# 交换两个变量的值
language_4, language_5 = 'Python','Java'
print(f'我最喜欢的语言是：{language_4}，小明最喜欢的语言是：{language_5}')

language_4, language_5 = language_5, language_4
```

```
    print('交换两个变量值以后：')
    print(f'我最喜欢的语言变成：{language_4}，小明最喜欢的语言变成：{language_5}')
```

运行结果如下所示。

```
我最喜欢的语言是：Python，小明最喜欢的语言是：Java
交换两个变量值以后：
我最喜欢的语言变成：Java，小明最喜欢的语言变成：Python
```

4.3.4 元组方法

Python 中包含了很多内置函数和方法，部分如下所示。这些函数或者方法不需要死记硬背，用到的时候去书中查找即可。

```
tup1 = (1,2,3,3,6,7,5,3)

# 元组名.count(a)，计算某一个数值 a 在元组中出现的次数
print('计算元组中 3 出现的次数',tup1.count(3))
# len(tuple)，计算元组个数
print('计算元组个数',len(tup1))

# max(tuple)，返回元组中元素的最大值
print('查找元素的最大值',max(tup1))

# min(tuple)，返回元组中元素的最小值
print('查找元素的最小值',min(tup1))

# 元组名.index(a)，查找元组中第一个出现 a 的索引值
print('查找 3 出现的索引值',tup1.index(3))
```

运行结果如下所示。

```
计算元组中 3 出现的次数 3
计算元组个数 8
查找元素的最大值 7
查找元素的最小值 1
查找 3 出现的索引值 2
```

4.3.5 元组与列表的区别

元组与列表有很多相似的地方，也有很多不同的地方。

元组与列表都是序列类型的容器对象，可以存放任何类型的数据。并且都支持切片、迭代等操作。

元组与列表最重要的区别是元组不可变，而列表是可变的。这个区别决定了两者提供的方法、应用场景，以及性能都有很大的区别。只有列表才能用 append()方法来添加更多的元素，而元组没有。同样大小的数据，元组比列表占用的内存空间更少，并且操作速度也比列表快。如果需要一个常量集合，并且唯一需要做的是不断遍历它的元素值，那么请选择元组。

元组和列表之间可以互相转化。列表转化为元组的方法是内置的 tuple()函数接收一个 list，并且返回一个有着相同元素的元组。元组转化为列表的方法是使用内置的 list()函数。

```
print('元组的元素有 ',tup1)
print('将元组变成列表',list(tup1))
print(type(list(tup1)))
```

运行结果如下所示。

```
元组的元素有  (1, 2, 3, 3, 6, 7, 5, 3)
将元组变成列表 [1, 2, 3, 3, 6, 7, 5, 3]
<class 'list'>
```

4.4 项目练习：用列表创建《延禧攻略》之魏璎珞宴请名单

4.4.1 描述项目

春节来临之际，魏璎珞计划宴请众人，包括太后、皇后、纯妃、小嘉嫔、舒妃及皇上。请创建一个存储所有宾客的列表，然后打印出每一个人的名字，并且告诉大家“春节将至，请大家来延禧宫小聚”。由于争宠失败，小嘉嫔不想参加宴会，就让宫女拒绝了，请打印出不参加此次宴会的人的名单。拟定名单时，魏璎珞突然想请尔晴来参加宴会，请重新修改列表，打印出请客名单。

皇上收到邀请后，感觉魏璎珞的主意特别好，于是特许她在御花园宴请大家。因此魏璎珞可以邀请更多的人了，请使用 insert()方法把哥哥放在邀请名单的首位；由于傅恒与魏璎珞的特殊关系，因此请用 append()方法把傅恒放在名单最后。请重新打印所有人的名单，并且使用 len()函数打印出参加宴会的宾客人数，同时复制一个新的列表备份。明玉看到邀请名单后，先打印了前三个名字，然后又打印查看了后三个人的名字，感觉顺序不对。于是她颠倒了一下顺序。

宴会开始前，皇上得知傅恒和魏璎珞的关系，于是收回了魏璎珞可以在御花园宴请宾客的命令。魏璎珞不得不把宴请地方重新改为延禧宫，并且为了避嫌，只能宴请两个人：皇后和尔晴。请用 pop()方法把名单上的其余人删除，并且告诉他们特别遗憾不能邀请大家吃饭了。然后告诉皇后和尔晴，依然在受邀之列。

宴会开始之后，请使用 del 语句删除邀请名单。

4.4.2 解析项目

当面对一个新需求时，首先要想到的是拆解法，把大的项目拆解成多个小的功能点。根据项目描述，我们总结出 9 个需要实现的功能点，每一个功能点都用到了本章中的列表内容。

1. 列出参加宴会的人员列表，并用 3 种方法打印信息。
2. 小嘉嫔拒绝邀请，并打印不能参加的人。
3. 尔晴参加宴会，请重新修改列表，打印出宾客名单。
4. 地点从延禧宫变成御花园。
5. 用 insert()方法把哥哥放在邀请名单的开头；用 append()方法把傅恒放在名单最后。

   5.1. 请重新打印所有人的名单，用 len()方法打印出一共邀请了多少人，并且把名单复制到一个新的列表备份。
6. 打印前三个人与后三个人的名字，并颠倒了一下顺序。
7. 地点从御花园变成延禧宫，只请皇后和尔晴，告知二人依然在受邀之列。
8. 删除多余人员，并告知特别遗憾不能邀请大家吃饭。
9. 删除名单。

4.4.3 实现功能

首先，创建文件 fete_list.py 存放功能。创建列表 fete_list 保存宴请宾客的名单：太后、皇后、纯妃、小嘉嫔、舒妃及皇上。用三种不同的方法打印出宴会列表。第一种方法是直接打印输出列表；第二种方法是使用 for 循环（第 5 天的内容）实现；最后一种方法是使用索引访问列表元素的方法，逐个打印。是为了输出的信息方便查看，我们在程序中多次使用 print('')输出空行。

```
print('=====================================')
print(' ')
print('1.列出参加宴会的人员列表，并用 3 种方法打印信息')
fete_list = ['太后','皇后','纯妃','小嘉嫔','舒妃','皇上']
# 第一种方法：把所有人的信息打印在一起
print('第一种方法打印列表')
print(f'春节将至，请 {fete_list} 来延禧宫小聚')

# 第二种方法:用 for 循环给每一个人打印一条消息（第 5 天的内容）
print(' ')
print('第二种方法:用 for 循环给每一个人打印一条消息')
for name in fete_list:
    print(f'春节将至，请 {name} 来延禧宫小聚')

# 第三种方法，使用索引访问每一个元素
```

```
print(' ')
print('第三种方法，使用索引访问每一个元素')
print(f'春节将至，请 {fete_list[0]} 来延禧宫小聚')
print(f'春节将至，请 {fete_list[1]} 来延禧宫小聚')
print(f'春节将至，请 {fete_list[2]} 来延禧宫小聚')
print(f'春节将至，请 {fete_list[3]} 来延禧宫小聚')
print(f'春节将至，请 {fete_list[4]} 来延禧宫小聚')
print(f'春节将至，请 {fete_list[5]} 来延禧宫小聚')
```

运行结果如下所示。

```
========================================

1.列出参加宴会的人员列表，并用 3 种方法打印信息。
第一种方法打印列表
春节将至，请 ['太后', '皇后', '纯妃', '小嘉嫔', '舒妃', '皇上'] 来延禧宫
小聚

第二种方法:用 for 循环给每一个人打印一条消息
春节将至，请 太后 来延禧宫小聚
春节将至，请 皇后 来延禧宫小聚
春节将至，请 纯妃 来延禧宫小聚
春节将至，请 小嘉嫔 来延禧宫小聚
春节将至，请 舒妃 来延禧宫小聚
春节将至，请 皇上 来延禧宫小聚

第三种方法，使用索引访问每一个元素
春节将至，请 太后 来延禧宫小聚
春节将至，请 皇后 来延禧宫小聚
春节将至，请 纯妃 来延禧宫小聚
春节将至，请 小嘉嫔 来延禧宫小聚
春节将至，请 舒妃 来延禧宫小聚
春节将至，请 皇上 来延禧宫小聚
```

我们首先用 index()方法找到小嘉嫔，然后用 pop()方法删除，最后使用 append()方法添加尔晴到宴请名单。为了输出信息方便查看，我们在程序中多次使用 print('')输出空行。

```
print('========================================')
print('2.小嘉嫔拒绝邀请，并打印不能参加的人。')
print(' ')
# 删除小嘉嫔的信息
# 区别 remove()、del()、pop()
index_name = fete_list.index('小嘉嫔')
# 根据索引删除，POP()删除最后一个元素
del_name = fete_list.pop(index_name)
print(f'不能参加宴会的人是：{del_name}')
```

```
    print('=========================================')
    print('3.尔晴参加宴会，请重新修改列表，打印出宾客名单。')
    print(' ')
    fete_list.append('尔晴')
    print(f'添加尔晴以后的人员名单为{fete_list}')
```

运行结果如下所示。

```
=========================================
2.小嘉嫔拒绝邀请，并打印不能参加的人。

不能参加宴会的人是：小嘉嫔
=========================================
3.尔晴参加宴会，请重新修改列表，打印出宾客名单。

添加尔晴以后的人员名单为['太后', '皇后', '纯妃', '舒妃', '皇上', '尔晴']
```

为了体现宴请地点从延禧宫变成御花园，我们使用列表的 copy()方法实现，创建一个新的列表 garden_name 存放御花园宴请名单。然后，我们使用列表的 insert()方法把哥哥添加在名单首位，使用 append()方法把傅恒添加在名单最后。最后，使用 len()函数统计参加宴会的宾客人数。

```
    print('=========================================')
    print(' 4.地点从延禧宫变成御花园。')
    print(' ')
    # 复制列表，使用 copy()方法
    garden_name = fete_list.copy()
    print(f'(地点从延禧宫变成御花园后的名单{garden_name})')

    print('===============')
    print('5. 用insert()方法把哥哥放在邀请名单的开头；用append()方法把傅恒放
在名单最后'。)
    print('5.1  请重新打印所有人的名单，用 len()方法打印出一共邀请了多少人，并
且把名单复制到一个新的列表备份。')
    print(' ')
    garden_name.insert(0,'哥哥')
    garden_name.append('傅恒')
    print(f'名单变成：{garden_name}')
    # 使用len()方法查看一共邀请多少人
    total = len(garden_name)
    print(f'魏璎珞在御花园一共邀请了{total} 人参加宴会。')
    # 备份列表
    copy_garden_name = garden_name.copy()
```

运行结果如下所示。

```
==================================
 4.地点从延禧宫变成御花园。

(地点从延禧宫变成御花园后的名单['太后', '皇后', '纯妃', '舒妃', '皇上', '尔晴'])
===============
5. 用 insert()方法把哥哥放在名单的开头；用 append()方法把傅恒放在名单最后
5.1  请重新打印所有人的名单，用 len()方法打印出一共邀请了多少人，并且把名单复制到一个新的列表备份。

名单变成：['哥哥', '太后', '皇后', '纯妃', '舒妃', '皇上', '尔晴', '傅恒']
魏璎珞在御花园一共邀请了 8 人参加宴会。
```

我们使用列表切片的方法打印宴会名单的前三个人和后三个人的名字，然后用 reverse()方法反转列表。但是宴会地点从御花园又变成了延禧宫，我们创建一个新的列表 yanxigong_name 存放邀请的人员名单。

```
print('==================================')
print(' ')
print(' 6.打印前三个人与后三个人的名字，并颠倒了一下顺序。')
# 使用切片打印
print(f'参加宴会的前三个人员是:{garden_name[:3]}')
print(f'参加宴会的后三个人员是:{garden_name[-3:]}')
# 列表反转
print(f'原来的人员顺序是{garden_name}')
garden_name.reverse()
print(f'反转以后的人员顺序是{garden_name}')

print('==================================')
print(' ')
print('7.地点从御花园变成延禧宫，只请皇后和尔晴，告知依然在受邀之列。')
yanxigong_name = ['皇后','尔晴']
print(f'宴会从御花园变成延禧宫， {yanxigong_name[0]}，你依然在邀请之列。')
print(f'宴会从御花园变成延禧宫， {yanxigong_name[1]}，你依然在邀请之列。')
```

运行结果如下所示。

```
==================================

 6.打印前三个人与后三个人的名字，并颠倒了一下顺序。
参加宴会的前三个人员是:['哥哥', '太后', '皇后']
参加宴会的后三个人员是:['皇上', '尔晴', '傅恒']
原来的人员顺序是['哥哥', '太后', '皇后', '纯妃', '舒妃', '皇上', '尔晴', '傅恒']
反转以后的人员顺序是['傅恒', '尔晴', '皇上', '舒妃', '纯妃', '皇后', '太后', '哥哥']
==================================
```

```
7.地点从御花园变成延禧宫，只请皇后和尔晴，告知二人依然在受邀之列。
宴会从御花园变成延禧宫，皇后，你依然在邀请之列。
宴会从御花园变成延禧宫，尔晴，你依然在邀请之列。
```

为了删除列表中的多余人员，我们使用 pop(index)方法删除宴会列表中的元素。因为每一次只能删除一个元素，同时列表中的元素位置会整体移动一个位置，所以我们根据项目描述多次使用 pop(0)或者 pop(1)方法。最后使用 del 语句删除列表。

```
print('======================================')
print(' ')
print('8 .删除多余人员，并告知特别遗憾不能邀请大家吃饭。')
print('目前的所有宴请名单有：',garden_name)
name_1 = garden_name.pop(0)
name_2 = garden_name.pop(1)
name_3 = garden_name.pop(1)
name_4 = garden_name.pop(1)
name_5 = garden_name.pop(2)
name_6 = garden_name.pop(2)

print('删除多余人员后的名单为：',garden_name)
print(f'特别遗憾不能邀请你 {name_1} 来参加宴会。')
print(f'特别遗憾不能邀请你 {name_2} 来参加宴会。')
print(f'特别遗憾不能邀请你 {name_3} 来参加宴会。')
print(f'特别遗憾不能邀请你 {name_4} 来参加宴会。')
print(f'特别遗憾不能邀请你 {name_5} 来参加宴会。')
print(f'特别遗憾不能邀请你 {name_6} 来参加宴会。')
print('======================================')
print(' ')
print('9.删除名单。')
del yanxigong_name[0]
del yanxigong_name[0]
del garden_name
```

运行结果如下所示。

```
======================================

8 .删除多余人员，并告知特别遗憾不能邀请大家吃饭。
目前的所有宴请名单有： ['傅恒', '尔晴', '皇上', '舒妃', '纯妃', '皇后', '太后', '哥哥']
删除多余人员后的名单为： ['尔晴', '皇后']
特别遗憾不能邀请你 傅恒 来参加宴会。
特别遗憾不能邀请你 皇上 来参加宴会。
特别遗憾不能邀请你 舒妃 来参加宴会。
```

```
特别遗憾不能邀请你 纯妃 来参加宴会。
特别遗憾不能邀请你 太后 来参加宴会。
特别遗憾不能邀请你 哥哥 来参加宴会。
===========================================

9.删除名单。
```

4.5 字典

4.5.1 什么是字典

字典也是可变的数据结构，且可存储任意类型的对象，比如字符串、数字、列表等。字典由关键字和值两部分组成，也就是 key 和 value，中间用冒号分隔，具体语法如下所示。

语法：

```
字典名 = { 关键字 1：值，关键字 2：值，关键字 3：值}
```

注意：每个键与值用冒号隔开（:），键值对与键值对之间用逗号隔开，整体放在花括号中（{}）。

例子：

```
#构建一个字典，记录各宫嫔妃的年例银子
name_dictionary = {'魏璎珞':300,'皇后':1000,'皇贵妃':800,'贵妃':600,'嫔':200}
print(name_dictionary)
print('用字典的数据类型表示:',type(name_dictionary))
```

运行结果如下所示。

```
{'魏璎珞': 300, '皇后': 1000, '皇贵妃': 800, '贵妃': 600, '嫔': 200}
用字典的数据类型表示: <class 'dict'>
```

4.5.2 字典特性

字典的值没有限制，可以取任何 Python 对象，既可以是标准的对象，也可以是用户定义的对象，但是键不行。字典有两个重要的特性需要记住。

（1）不允许同一个键出现两次：创建时如果同一个键被赋值两次，则只有后一个键的值会被记住。

例子：

```
# 定义两个同样的键
dict = {'Name': 'Python', 'Age': 7, 'Name': 'Java'}
```

```
print("dict['Name']: ", dict['Name'])
```

运行结果如下所示。

```
dict['Name']:  Java
```

（2）键必须不可变：可以用数、字符串或元组充当，但不能用列表充当，例子如下所示。

```
# 关键字 Name 为列表
dict = {['Name']:'Python', 'Age': 7};
print ("dict['Name']: ", dict['Name'])
```

运行结果如下所示。

```
    File
"/Users/yoni.ma/PycharmProjects/seven_days_Python/Forth_day_strcure/
dict_p.py", line 22, in <module>
    dict['Name']:  Java
        dict = {['Name']:'Python', 'Age': 7};
    TypeError: unhashable type: 'list'
```

4.5.3 字典的基本操作

字典在 Python 中的类型表示为<class 'dict'>。当查看到变量类型是 dict 时，则可以对其进行字典操作。常见的字典操作如访问字典、遍历字典等。这些操作在实际项目中经常被用到，比如 Excel 文件读入内存以后，按照字典的方法存放，然后对其进行增加或删除值的操作。

1．访问字典

访问字典也就是获取关键字对应的值，方法是指定字典名和放在方括号内的关键字，获取后的值可以赋值给变量。

语法：

```
变量名 = 字典名[关键字]
```

例子：

```
# 访问字典
weiyingluo = name_dictionary['魏璎珞']
print(f'魏璎珞的年薪是：{weiyingluo}两')
```

运行结果如下所示。

```
魏璎珞的年薪是：300 两
```

2. 添加键值对

字典是一种可变的数据结构，可以随时添加或者删除其中的键值对。其中添加键值的方法是，指定字典名，并用方括号括起对应的值。

语法：

```
字典名[关键字名] = 值
```

例子：

```
# 增加贵人和常在的年薪
print(f'原来的后宫的年薪字典是:{name_dictionary}')
name_dictionary['贵人'] = 100
name_dictionary['常在'] = 50
print(F'增加键值后的后宫年薪字典变成：{name_dictionary}')
```

运行结果如下所示。

```
原来的后宫的年薪字典是:{'魏璎珞': 300, '皇后': 1000, '皇贵妃': 800, '贵妃': 600, '嫔': 200}
增加键值后的后宫年薪字典变成：{'魏璎珞': 300, '皇后': 1000, '皇贵妃': 800, '贵妃': 600, '嫔': 200, '贵人': 100, '常在': 50}
```

3. 修改键值对

如果字典中的值不是我们想要的，则可以修改，重新指定字典名、用方括号括起的键，以及与该键相对应的新值。

语法：

```
字典名[关键字名] = 新值
```

例子：

```
# 修改字典的值，如把常在的年薪改为 70 两
print('常在原来的年薪是{} 两'.format(name_dictionary['常在']))
name_dictionary['常在']= 70
change_changzai = name_dictionary['常在']
print(f'常在修改后的年薪是{change_changzai} 两')
```

运行结果如下所示。

```
常在原来的年薪是 50 两
常在修改后的年薪是 70 两
```

4. 删除键值对

如果字典中的键值对不再需要，那么我们可以彻底将其删除。Python 使用的是 del 语句，必须要指定要删除的字典名和关键字。注意是永久删除。

语法：

```
del 字典名[关键字]
```

例子：

```
#删除字典中的键值对，比如删除常在
del name_dictionary['常在']
print(f'删除常在后的后宫嫔妃年薪字典变成:{name_dictionary}')
```

运行结果如下所示。

```
删除常在后的后宫嫔妃年薪字典变成:{'魏璎珞': 300, '皇后': 1000, '皇贵妃': 800, '贵妃': 600, '嫔': 200, '贵人': 100}
```

如果我们还需要用到被删除的键值对，则使用 pop('键的名字')方法。该方法是删除字典给定键所对应的值，并且返回该值。

```
print('原来的字典是:', name_dictionary)
# 使用 pop()方法删除魏璎珞
name_pop = name_dictionary.pop('魏璎珞')
# 使用删除后的值
print('魏璎珞的年薪是:',name_pop)
print('使用pop()方法删除后的字典是:',name_dictionary)
```

运行结果如下所示。

```
原来的字典是: {'魏璎珞': 300, '皇后': 1000, '皇贵妃': 800, '贵妃': 600, '嫔': 200, '贵人': 100}
魏璎珞的年薪是: 300
使用pop()方法删除后的字典是: {'皇后': 1000, '皇贵妃': 800, '贵妃': 600, '嫔': 200, '贵人': 100}
```

除了 pop()方法，Python 中还有一个 popitem()方法。它可以随机删除字典中的一个键值对（一般删除末尾一个键值对），并且删除的键值对可以被后续的程序使用。我们经常用此方法逐个删除字典中的所有键值对。

```
# 随机删除字典中的一个键值对
pop_name = name_dictionary.popitem()
print('使用 popitem 删除的是: ',pop_name)
print('随机删除字典中一个键值对后: ',name_dictionary)

pop2_name = name_dictionary.popitem()
print('再次使用 popitem 删除的是:',pop2_name)
print('再次随机删除字典中一个键值对后: ',name_dictionary)
```

运行结果如下所示。

```
使用 popitem 删除的是: ('贵人', 100)
随机删除字典中一个键值对后: {'皇后': 1000, '皇贵妃': 800, '贵妃': 600, '嫔': 200}
再次使用 popitem 删除的是: ('嫔', 200)
再次随机删除字典中一个键值对后: {'皇后': 1000, '皇贵妃': 800, '贵妃': 600}
```

如果需要删除所有的键值对，那么可以使用 clear()方法清空所有的数据。而 del 语句是删除字典，打印删除后的字典则会出错。两者是有区别的。

```
# 用 clear()方法清除字典中的所有数据
print('原来字典的长度是:',len(name_dictionary))
name_dictionary.clear()
print('使用 clear 清除字典中的所有内容:',name_dictionary)
print('清空以后字典的长度是:',len(name_dictionary))

# 使用 del 语句删除字典
del name_dictionary

# 字典已经被删除，再次打印则出错
print(name_dictionary)
```

运行结果如下所示。

```
原来字典的长度是: 3
使用 clear 清除字典中的所有内容: {}
清空以后字典的长度是: 0
Traceback (most recent call last):
  File "/Users/seven_days_Python/Forth_day_strcure/dict_p.py", line 139, in <module>
    print(name_dictionary)
NameError: name 'name_dictionary' is not defined
```

5. 创建空字典

在实际项目中，我们可能不知道字典中存放的内容是什么。这时可以从空的字典开始动态创建，也就是在程序运行时添加具体内容。

常见的使用场景有两个：第一个是需要把用户输入数据存储为字典的场景；第二个是自动生成大量的键值对的场景，比如爬虫，爬取豆瓣电影的排名信息。我们可以把排名放入空的字典中，然后每次爬取一部电影，添加一个对应的键值对。

例子：

```
# 从空的字典开始创建
douban_movies = {} #定义空的字典
douban_movies['排名'] = 1
douban_movies['片名'] = '霸王别姬'
```

```
douban_movies['主演'] = '张国荣、张丰毅、巩俐'
douban_movies['导演'] = '陈凯歌'
print('从空的列表中构建字典:',douban_movies)
```

运行结果如下所示。

```
从空的列表中构建字典：{'排名': 1, '片名': '霸王别姬', '主演': '张国荣、张丰毅、巩俐', '导演': '陈凯歌'}
```

4.5.4 内置字典函数与方法

Python 字典包含了很多内置函数和方法，部分如下所示。

1. 内置函数

```
len(dict)                # 计算字典元素的个数，即键的总数
str(dict)                # 输出字典可打印的字符串
```

2. 内置方法

```
字典名.clear()            # 删除字典内所有元素
字典名.copy()             # 返回一个字典的浅复制
字典名.fromkeys()         # 创建一个新字典，以序列 seq 中的元素做字典的键，val 为字典所有键对应的初始值
字典名.get(key, default=None)     # 返回指定键的值，如果值不在字典中则返回 default 值
字典名.items()            # 以列表的形式返回可遍历的(键值对)元组数组
字典名.keys()             # 以列表的形式返回一个字典所有的键
字典名.setdefault(key, default=None)    # 和 get()类似，但如果键已经不存在于字典中，那么将会添加键并将值设为 default
字典名.update(dict2)      # 把字典 dict2 的键值对更新到 dict 里
字典名.values()           # 以列表返回字典中的所有值
```

这些函数、方法不需要死记硬背，用到的时候去网络或书中查找即可。

例子：

```
# 内置函数和方法
print('计算字典的个数：',len(name_dictionary))
print('输出字典可以打印的字符串',str(name_dictionary))

# 内置函数
print('返回指定的贵妃的年薪',name_dictionary.get('贵妃'))
```

```
    print('以列表的形式返回字典中的所有关键字,',name_dictionary.keys())
#经常被用到
    print('以元组形式返回所有的键值对',name_dictionary.items()) #经常被用到
    print('返回键值中的所有值',name_dictionary.values())#经常被用到
```

运行结果如下所示。

```
    计算字典的个数： 6
    输出字典可以打印的字符串 {'魏璎珞': 300, '皇后': 1000, '皇贵妃': 800, '
贵妃': 600, '嫔': 200, '贵人': 100}
    返回指定的贵妃的年薪 600
    以列表的形式返回字典中的所有关键字, dict_keys(['魏璎珞', '皇后', '皇贵
妃', '贵妃', '嫔', '贵人'])
    以元组的形式返回所有的键值对 dict_items([('魏璎珞', 300), ('皇后', 1000),
('皇贵妃', 800), ('贵妃', 600), ('嫔', 200), ('贵人', 100)])
    返回键值中的所有值 dict_values([300, 1000, 800, 600, 200, 100])
```

在所有内置方法中，update()方法经常被用来合并两个字典。如果传给 update()方法的数据也含有相同的键，则它的值将被覆盖。

```
    new_dictionary = {'皇后': 1000, '皇贵妃': 800, '贵妃': 600}
    print('第一个字典：',new_dictionary)
    name = {'魏璎珞': 300, '贵人': 100}
    print('第二个字典:',name)

    # 使用 update()方法合并两个字典
    new_dictionary.update(name)
    print('使用 update 方法合并两个字典:', new_dictionary)

    # 如果有重复的值则替换
    name_new = {'皇后':1500, '贵人':110}
    # 使用 update 方法合并两个字典
    new_dictionary.update(name_new)
    print('使用 update 方法合并两个字典:', new_dictionary)
```

运行结果如下所示。

```
    第一个字典： {'皇后': 1000, '皇贵妃': 800, '贵妃': 600}
    第二个字典: {'魏璎珞': 300, '贵人': 100}
    使用 update 方法合并两个字典: {'皇后': 1000, '皇贵妃': 800, '贵妃': 600, '
魏璎珞': 300, '贵人': 100}
    使用 update 方法合并两个字典: {'皇后': 1500, '皇贵妃': 800, '贵妃': 600, '
魏璎珞': 300, '贵人': 110}
```

4.6 结合字典与列表

字典和列表是 Python 中经常用到的两种数据结构，并且都是可变的。有时候，我们需要将两者结合起来使用。把一系列字典存储在列表中，或将列表作为值放在字典中，这称为嵌套。你可以在列表中嵌套字典，也可以在字典中嵌套列表，甚至可以在字典中嵌套字典，这在项目中经常用到。

什么时候用列表，什么时候用字典呢？对于这个问题笔者的想法是，当你存储的数据类型一样时，使用列表；当你存储的数据类型不一样时就用字典。这里说明一下数据类型不一样不是指整型或者字符型。举个例子：你需要存储很多人的姓名，如果仅这一个属性，就用列表来处理；如果要存储的不仅仅是人名，还包括年龄、性别、国籍等信息时，那么用字典最合适。

4.6.1 字典列表

列表中的元素都是以字典为字典列表的。字典列表一般用于列表的元素信息比较复杂的情况下，单一的字符串不能满足。

例子：

```
# 两个字典合并为一个列表
dict_1 = {'name':'Python','age':18}
dict_2 = {'name':'Java', 'age':'unknown'}
name_list = [dict_1,dict_2]
print(name_list)
print('类型是：',type(name_list))
```

运行结果如下所示。

```
[{'name': 'Python', 'age': 18}, {'name': 'Java', 'age': 'unknown'}]
类型是： <class 'list'>
```

4.6.2 在字典中存储列表

字典中的值有时不止一个，这时需要把字典中的值变成一个列表，而不是单个的值。

例子：

```
# 在字典中存储列表
favorite_actor = {
    '魏璎珞':['傅恒','皇上','富察皇后'],
    '皇上':['魏璎珞','富察皇后','纯妃','高贵妃'],
    '高贵妃':'皇上'
}
print(favorite_actor)
print('类型是',type(favorite_actor))
```

运行结果如下所示。

```
{'魏璎珞': ['傅恒', '皇上', '富察皇后'], '皇上': ['魏璎珞', '富察皇后',
'纯妃', '高贵妃'], '高贵妃': '皇上'}
类型是 <class 'dict'>
```

4.6.3　在字典中存储字典

字典的值也可以是字典，称为在字典中存储字典。一般用在键对应的值是二维的信息的情况下，比如登录某一个网站的用户信息，用户名是键，用户名对应的值比较多，包括用户的地址、职业、收入等信息。

例子：

```
# 在字典中存储字典
users = {
    '爱上不该爱的人': {
            '姓名':'魏璎珞',
            '职位':"妃子",
            '年薪':'300 两',},

    '只爱皇上':{
            '姓名':'高贵妃',
            '职位':'贵妃',
            '年薪':'800 两',}
}
print(users)
print('类型是',type(users))
```

运行结果如下所示。

```
{'爱上不该爱的人': {'姓名': '魏璎珞', '职位': '妃子', '年薪': '300 两'},
'只爱皇上': {'姓名': '高贵妃', '职位': '贵妃', '年薪': '800 两'}}

类型是 <class 'dict'>
```

4.7　项目练习：用字典管理电视剧《扶摇》的演员信息

4.7.1　描述项目

根据图 4-2 构建一个名为 Fuyao_Actor_Profile 的字典，其中包括演员名字、饰演角色、配音演员三类信息。然后打印出杨幂扮演的角色。创建一个备份字典 Copy_Fuyao，防止后面演员信息有所变化。

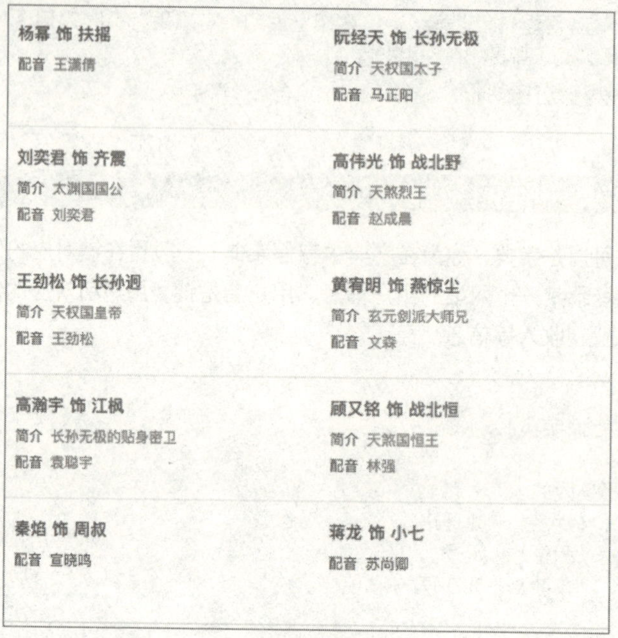

杨幂 饰 扶摇 配音 王潇倩	**阮经天 饰 长孙无极** 简介 天权国太子 配音 马正阳
刘奕君 饰 齐震 简介 太渊国国公 配音 刘奕君	**高伟光 饰 战北野** 简介 天煞烈王 配音 赵成晨
王劲松 饰 长孙迥 简介 天权国皇帝 配音 王劲松	**黄宥明 饰 燕惊尘** 简介 玄元剑派大师兄 配音 文森
高瀚宇 饰 江枫 简介 长孙无极的贴身密卫 配音 袁聪宇	**顾又铭 饰 战北恒** 简介 天煞国恒王 配音 林强
秦焰 饰 周叔 配音 宣晓鸣	**蒋龙 饰 小七** 配音 苏尚卿

图 4-2　演员简介 1

假如由于阮经天因有事不能参加本次拍摄，请在演员表中去除他的信息，替换为陈晓，并且打印出阮经天所在的演员字典中的演员名及角色名，并统计一共有多少个角色。然后根据图 4-3 增加新的角色信息。

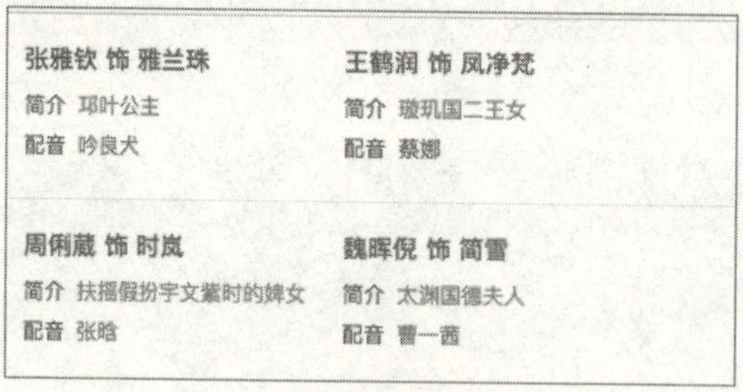

张雅钦 饰 雅兰珠 简介 邛叶公主 配音 吟良犬	**王鹤润 饰 凤净梵** 简介 璇玑国二王女 配音 蔡娜
周俐葳 饰 时岚 简介 扶摇假扮宇文紫时的婢女 配音 张晗	**魏晖倪 饰 简雪** 简介 太渊国德夫人 配音 曹一茜

图 4-3　演员简介 2

接下来重点描述一下杨幂主演的角色扶摇的信息。创建一个新的字典存放以下信息：扶摇的名字；喜欢她的男性角色，长孙无极、战北野、小七；去过的国家有，太渊、天权、天煞、璇玑。

4.7.2　解析项目

根据项目描述，我们需要实现 10 个功能，如下所示。

1. 构建一个名为 Fuyao_Actor_Profile 的字典，其中包括演员名字、饰演角色、配音演员三类信息。

2. 打印出杨幂扮演的角色。

3. 创建一个备份字典 Copy_Fuyao。

4. 在演员表中删除阮经天。

5. 替换为陈晓。

6. 增加新的角色。

7. 打印出阮经天所在的演员字典中的演员名及角色名。

8. 统计一共有多少个角色。

9. 创建一个新的字典。

10. 新字典存放以下信息：扶摇的名字、喜欢她的男性角色（长孙无极、战北野、小七）、去过的国家（太渊、天权、天煞、璇玑）。

4.7.3　实现功能

为了实现字典中包括名字、饰演角色、配音演员等信息的要求，我们使用在字典中嵌套字典的方法。字典的值也是一个字典，保存演员的角色信息，比如杨幂饰演的角色是扶摇，她的配音演员是王潇倩。通过访问字典中的值，我们可以得到杨幂饰演的角色是扶摇。

```
# 1.构建一个名为 Fuyao_Actor_Profile 的字典，其中包括演员名字、饰演角色、配音演员三类信息。
Fuyao_Actor_Profile = {
    '杨幂': {
        'Role_Name': '扶摇',
        'Voice_Actor': '王潇倩'
    },
    '阮经天': {
        'Role_Name': '长孙无极',
        'Voice_Actor': '马正阳'
    },
    '刘奕君': {
        'Role_Name': '齐震',
        'Voice_Actor': '刘奕君'
    },
    '高伟光': {
        'Role_Name': '战北野',
        'Voice_Actor': '赵成晨'
    },
    '高瀚宇': {
        'Role_Name': '江枫',
        'Voice_Actor': '袁聪宇'
    },
```

```
        '顾又铭': {
            'Role_Name': '战北恒',
            'Voice_Actor': '林强'
        },
        '王劲松': {
            'Role_Name': '长孙迥',
            'Voice_Actor': '王劲松'
        },
        '黄宥明': {
            'Role_Name': '燕惊尘',
            'Voice_Actor': '文森'
        },
        '秦焰': {
            'Role_Name': '周叔',
            'Voice_Actor': '宣晓鸣'
        },
        '蒋龙': {
            'Role_Name': '小七',
            'Voice_Actor': '苏尚卿'
        }
    }
    print('目前《扶摇》电视剧的演员有：', Fuyao_Actor_Profile)

    # 2.打印出杨幂扮演的角色。
    print()
    print('杨幂扮演的角色是：', Fuyao_Actor_Profile['杨幂']['Role_Name'])
```

运行结果如下所示。

```
    目前《扶摇》电视剧的演员有：{'杨幂': {'Role_Name': '扶摇', 'Voice_Actor': '王潇倩'}, '阮经天': {'Role_Name': '长孙无极', 'Voice_Actor': '马正阳'}, '刘奕君': {'Role_Name': '齐震', 'Voice_Actor': '刘奕君'}, '高伟光': {'Role_Name': '战北野', 'Voice_Actor': '赵成晨'}, '高瀚宇': {'Role_Name': '江枫', 'Voice_Actor': '袁聪宇'}, '顾又铭': {'Role_Name': '战北恒', 'Voice_Actor': '林强'}, '王劲松': {'Role_Name': '长孙迥', 'Voice_Actor': '王劲松'}, '黄宥明': {'Role_Name': '燕惊尘', 'Voice_Actor': '文森'}, '秦焰': {'Role_Name': '周叔', 'Voice_Actor': '宣晓鸣'}, '蒋龙': {'Role_Name': '小七', 'Voice_Actor': '苏尚卿'}}

    杨幂扮演的角色是： 扶摇
```

我们使用字典的内置方法 copy()实现备份字典，而不是直接使用等号复制。这样的好处是即使原来字典的值被修改了，也不会影响备份字典。我们用 del 语句删除原来字典中的阮经天的信息，然后添加陈晓为长孙无极的扮演者。当我们打印阮经天所在的字典时，演员列表信息里没有陈晓的信息。最后，我们给出此时字典中的角色个数。

```
# 3.创建一个备份字典 Copy_Fuyao。
print()
Copy_Fuyao = Fuyao_Actor_Profile.copy()
print('已创建一个备份字典，其内容如下：', Copy_Fuyao)

# 4.在演员表中删除阮经天。
print()
print('---------------')
del Fuyao_Actor_Profile['阮经天']
print(f'删除阮经天后的演员字典:{Fuyao_Actor_Profile}')
print()

# 5.替换为陈晓。
Fuyao_Actor_Profile['陈晓'] = {
    'Role_Name': '长孙无极',
    'Voice_Actor': '马正阳'
}
print('修改后的演员字典为：', Fuyao_Actor_Profile)
print()
# 7.打印出阮经天所在的演员字典中的演员名及角色名。
# 8.统计一共有多少角色。

number_Actor = len(Copy_Fuyao)

# 使用备份后的演员列表，而不是原来的
print('阮经天所在的演员字典中的演员名及角色信息如下:',Copy_Fuyao)
print()

print("阮经天所在的演员字典中一共有", number_Actor, '个角色')
```

运行结果如下所示。

```
已创建一个备份字典，其内容如下： {'杨幂': {'Role_Name': '扶摇', 'Voice_Actor': '王潇倩'}, '阮经天': {'Role_Name': '长孙无极', 'Voice_Actor': '马正阳'}, '刘奕君': {'Role_Name': '齐震', 'Voice_Actor': '刘奕君'}, '高伟光': {'Role_Name': '战北野', 'Voice_Actor': '赵成晨'}, '高瀚宇': {'Role_Name': '江枫', 'Voice_Actor': '袁聪宇'}, '顾又铭': {'Role_Name': '战北恒', 'Voice_Actor': '林强'}, '王劲松': {'Role_Name': '长孙迥', 'Voice_Actor': '王劲松'}, '黄宥明': {'Role_Name': '燕惊尘', 'Voice_Actor': '文森'}, '秦焰': {'Role_Name': '周叔', 'Voice_Actor': '宣晓鸣'}, '蒋龙': {'Role_Name': '小七', 'Voice_Actor': '苏尚卿'}}

---------------
删除阮经天后的演员字典:{'杨幂': {'Role_Name': '扶摇', 'Voice_Actor': '王潇倩'}, '刘奕君': {'Role_Name': '齐震', 'Voice_Actor': '刘奕君'}, '高伟光': {'Role_Name': '战北野', 'Voice_Actor': '赵成晨'}, '高瀚宇':
```

```
{'Role_Name': '江枫', 'Voice_Actor': '袁聪宇'}, '顾又铭': {'Role_Name': '战北恒', 'Voice_Actor': '林强'}, '王劲松': {'Role_Name': '长孙迥', 'Voice_Actor':'王劲松'},'黄宥明':{'Role_Name':'燕惊尘','Voice_Actor': '文森'}, '秦焰': {'Role_Name': '周叔', 'Voice_Actor': '宣晓鸣'}, '蒋龙': {'Role_Name': '小七', 'Voice_Actor': '苏尚卿'}}

    修改后的演员字典为: {'杨幂': {'Role_Name': '扶摇', 'Voice_Actor': '王潇倩'}, '刘奕君': {'Role_Name': '齐震', 'Voice_Actor': '刘奕君'}, '高伟光': {'Role_Name': '战北野', 'Voice_Actor': '赵成晨'}, '高瀚宇': {'Role_Name': '江枫', 'Voice_Actor': '袁聪宇'}, '顾又铭': {'Role_Name': '战北恒', 'Voice_Actor': '林强'}, '王劲松': {'Role_Name': '长孙迥', 'Voice_Actor':'王劲松'},'黄宥明':{'Role_Name':'燕惊尘','Voice_Actor': '文森'}, '秦焰': {'Role_Name': '周叔', 'Voice_Actor': '宣晓鸣'}, '蒋龙': {'Role_Name': '小七', 'Voice_Actor': '苏尚卿'}, '陈晓': {'Role_Name': '长孙无极', 'Voice_Actor': '马正阳'}}

    阮经天所在的演员字典中的演员名及角色信息如下: {'杨幂': {'Role_Name': '扶摇', 'Voice_Actor': '王潇倩'}, '阮经天': {'Role_Name': '长孙无极', 'Voice_Actor': '马正阳'}, '刘奕君': {'Role_Name': '齐震', 'Voice_Actor': '刘奕君'}, '高伟光': {'Role_Name': '战北野', 'Voice_Actor': '赵成晨'}, '高瀚宇': {'Role_Name': '江枫', 'Voice_Actor': '袁聪宇'}, '顾又铭': {'Role_Name': '战北恒', 'Voice_Actor': '林强'}, '王劲松': {'Role_Name': '长孙迥', 'Voice_Actor': '王劲松'}, '黄宥明': {'Role_Name': '燕惊尘', 'Voice_Actor': '文森'}, '秦焰': {'Role_Name': '周叔', 'Voice_Actor': '宣晓鸣'}, '蒋龙': {'Role_Name': '小七', 'Voice_Actor': '苏尚卿'}}

    阮经天所在的演员字典中一共有 10 个角色
```

字典是可变的结构，可以随时添加内容。我们根据项目描述增加新的角色信息，并使用 print()显示输出。最后，我们创建新的字典 only_fuyao_dict 存放扶摇的个人信息，并且使用 print()打印输出。

```
    # 6.增加新的角色。
    Fuyao_Actor_Profile['张雅钦'] = {
        'Role_Name': '雅兰珠',
        'Voice_Actor': '吟良犬'
    }
    Fuyao_Actor_Profile['王鹤润'] = {
        'Role_Name': '凤净梵',
        'Voice_Actor': '蔡娜'
    }
    Fuyao_Actor_Profile['周俐崴'] = {
        'Role_Name': '时岚',
        'Voice_Actor': '张晗'
    }
    Fuyao_Actor_Profile['魏晖倪'] = {
```

```
        'Role_Name': '简雪',
        'Voice_Actor': '曹一茜'
    }
    print('------ 6 --------')
    print('增加新的角色后，成员名单为：', Fuyao_Actor_Profile)

    # 9.创建一个新的字典。
    # 10.新字典存放以下信息：
    #                扶摇的名字、喜欢她的男性角色（长孙无极、战北野、小七）、去过的国家（太渊、天权、天煞、璇玑）
    only_fuyao_dict = {
        'Name': '扶摇',
        'Favorited': {'长孙无极', '战北野', '小七'},
        'has_gone_country': {'太渊', '天权', '天煞', '璇玑'}
    }
    print()
    print('扶摇的个人信息字典内容为：', only_fuyao_dict)
```

运行结果如下所示。

```
------ 6 --------
增加新的角色后，成员名单为：{'杨幂':{'Role_Name':'扶摇','Voice_Actor':'王潇倩'}, '刘奕君': {'Role_Name': '齐震', 'Voice_Actor': '刘奕君'}, '高伟光': {'Role_Name': '战北野', 'Voice_Actor': '赵成晨'}, '高瀚宇': {'Role_Name': '江枫', 'Voice_Actor': '袁聪宇'}, '顾又铭': {'Role_Name': '战北恒', 'Voice_Actor': '林强'}, '王劲松': {'Role_Name': '长孙迥', 'Voice_Actor':'王劲松'},'黄宥明':{'Role_Name':'燕惊尘','Voice_Actor':'文森'}, '秦焰': {'Role_Name': '周叔', 'Voice_Actor': '宣晓鸣'}, '蒋龙': {'Role_Name': '小七', 'Voice_Actor': '苏尚卿'}, '陈晓': {'Role_Name': '长孙无极', 'Voice_Actor': '马正阳'}, '张雅钦': {'Role_Name': '雅兰珠', 'Voice_Actor':'吟良犬'},'王鹤润':{'Role_Name':'凤净梵','Voice_Actor':'蔡娜'}, '周俐葳': {'Role_Name': '时岚', 'Voice_Actor': '张晗'}, '魏晖倪': {'Role_Name': '简雪', 'Voice_Actor': '曹一茜'}}

扶摇的个人信息字典内容为： {'Name': '扶摇', 'Favorited': {'小七', '长孙无极', '战北野'}, 'has_gone_country': {'太渊', '天煞', '璇玑', '天权'}}
```

第 5 章

Python 控制结构，厉害了

5.1 Python 运算符与表达式

运算符用于执行程序代码运算，会针对一个以上操作数来进行运算。例如，10+4=14，其中操作数是 10 和 4，运算符是+。Python 语言主要支持的运算符类型有：算术运算符、比较（关系）运算符、赋值运算符、逻辑运算符、位运算符、成员运算符，以及身份运算符。

表达式是将不同类型的数据，比如常量、变量、字典、函数等，用运算符按照一定的规则连接起来的式子。其中，算术表达式，又被称为数值表达式，比如 8*9=72。

这些运算符表达式在 Python 控制结构中经常被用到，比如条件控制、循环等。

5.1.1 算术运算符

算术运算符主要包括四则运算符、求模运算符等，如表 5-1 所示。

表 5-1 算术运算符

运算符	描述
+	两个数相加
-	两个数相减

续表

运算符	描述
*	两个数相乘
/	两个数相除
%	两个数取模，返回除法的余数
**	两个数幂，a**b 表示 a 的 b 次幂
//	取整除，返回商的整数部分

例子：

```
# 算术运算符
my_apple = 7
your_apple = 3

print('加运算符例子：my_apple + your_apple = ',my_apple + your_apple)
print('减运算符例子：my_apple - your_apple = ',my_apple - your_apple)
print('乘运算符例子：my_apple * your_apple = ',my_apple * your_apple)
print('除运算符例子：my_apple / your_apple = ',my_apple / your_apple)
print('取模运算符例子：my_apple % your_apple = ',my_apple % your_apple)
print('取整除运算符例子：my_apple // your_apple = ',my_apple // your_apple)
print('幂运算符例子：my_apple ** your_apple = ',my_apple **your_apple)
```

运行结果如下所示。

```
加运算符例子：my_apple + your_apple =  10
减运算符例子：my_apple - your_apple =  4
乘运算符例子：my_apple * your_apple =  21
除运算符例子：my_apple / your_apple =  2.3333333333333335
取模运算符例子：my_apple % your_apple =  1
取整除运算符例子：my_apple // your_apple =  2
幂运算符例子：my_apple ** your_apple =  343
```

5.1.2　比较（关系）运算符

比较（关系）运算符是对两个对象进行比较，常见的有等于、不等于等。比较（关系）运算符如表 5-2 所示。

表 5-2　比较（关系）运算符

运算符	表达式	描述
==	a==b	比较对象是否相等，若相等，则返回 True；否则返回 False
!=	a!=b	比较是否不相等。若不相等，则返回 True
>	a>b	比较 a 是否大于 b，若是，则返回 True

续表

运算符	表达式	描述
>=	a>=b	比较 a 是否大于等于 b，若是，则返回 True
<=	a<=b	比较 a 是否小于等于 b，若是，则返回 True

例子：

```
# 比较运算符
print('等于运算符例子：my_apple == your_apple = ',my_apple == your_apple)
print('不等于运算符例子：my_apple != your_apple = ', my_apple != your_apple)
print('大于运算符例子：my_apple > your_apple = ',my_apple > your_apple)
print('小于运算符例子：my_apple < your_apple = ',my_apple < your_apple)
print('大于等于运算符例子：my_apple >= your_apple = ',my_apple >= your_apple)
print('小于等于运算符例子：my_apple <= your_apple = ',my_apple <= your_apple)
```

运行结果如下所示。

```
等于运算符例子：my_apple == your_apple =  False
不等于运算符例子：my_apple != your_apple = True
大于运算符例子：my_apple > your_apple =  True
小于运算符例子：my_apple < your_apple =  False
大于等于运算符例子：my_apple >= your_apple =  True
小于等于运算符例子：my_apple <= your_apple =  False
```

5.1.3 赋值运算符

赋值运算符是把赋值运算符与算术运算符结合起来，简化了写法。比如+=是加法赋值运算符，意思是先执行加法，然后赋值。赋值运算符如表 5-3 所示。

表 5-3 赋值运算符

运算符	表达式	描述
=	c=a+b	简单赋值运算符
+=	a+=b 等价于 a =a+b	加法赋值运算符
-=	a-=b 等价于 a= a-b	减法赋值运算符
*=	a*=b 等价于 a =a*b	乘法赋值运算符
/=	a/=b 等价于 a =a/b	除法赋值运算符
%=	a%=b 等价于 a =a%b	取模赋值运算符
**=	a**=b 等价于 a = a**b	幂赋值运算符
//=	a//=b 等价于 a =a//b	取整赋值运算符

例子：

```
# 赋值运算符
my_apple += your_apple
print('+= 运算符例子：my_apple += your_apple; my_apple = ',my_apple)
my_apple -= your_apple
print('-= 运算符例子：my_apple -= your_apple; my_apple = ',my_apple)
my_apple *= your_apple
print('*= 运算符例子：my_apple *= your_apple; my_apple = ',my_apple)
my_apple /= your_apple
print('/= 运算符例子：my_apple /= your_apple; my_apple = ',my_apple)
my_apple %= your_apple
print('%= 运算符例子：my_apple %= your_apple; my_apple = ',my_apple)
my_apple //= your_apple
print('//=运算符例子：my_apple //= your_apple; my_apple = ',my_apple)
my_apple **= your_apple
print('**= 运算符例子：my_apple **= your_apple; my_apple = ',my_apple)
```

运行结果如下所示。

```
+= 运算符例子：my_apple += your_apple; my_apple =  10
-= 运算符例子：my_apple -= your_apple; my_apple =  7
*= 运算符例子：my_apple *= your_apple; my_apple =  21
/= 运算符例子：my_apple /= your_apple; my_apple =  7.0
%= 运算符例子：my_apple %= your_apple; my_apple =  1.0
//=运算符例子：my_apple //= your_apple; my_apple =  0.0
**= 运算符例子：my_apple **= your_apple; my_apple =  0.0
```

5.1.4　位运算符

位运算符是把数字当作二进制数（二进制数是用 0 和 1 来表示的数）进行计算的。Python 中的位运算法则如下所示。

```
a = 0011 1100

b = 0000 1101
-----------------
a&b = 0000 1100

a|b = 0011 1101

a^b = 0011 0001

~a = 1100 0011
```

位运算符如表 5-4 所示。

表 5-4　位运算符

<table>
<tr><th>运算符</th><th>表达式</th><th>描述</th></tr>
<tr><td>&</td><td>a&b</td><td>按位与运算符：参与运算的两个值，如果两个相应位都为 1，则该位的结果为 1，否则为 0</td></tr>
<tr><td>|</td><td>a|b</td><td>按位或运算符：只要对应的两个二进制位有一个为 1 时，结果位就为 1</td></tr>
<tr><td>^</td><td>a^b</td><td>按位异或运算符：当两个对应的二进制位相异时，结果为 1</td></tr>
<tr><td>~</td><td>~a</td><td>按位取反运算符：对数据的每个二进制位取反，即把 1 变为 0，把 0 变为 1。~x 类似于 -x-1</td></tr>
<tr><td><<</td><td>a <<2</td><td>左移动运算符：运算数的各二进制位全部左移若干位，由<<右边的数指定移动的位数，高位丢弃，低位补 0</td></tr>
<tr><td>>></td><td>a >>2</td><td>右移动运算符：把>>左边的运算数的各二进制位全部右移若干位，由>>右边的数指定移动的位数</td></tr>
</table>

例子：

```
    # 位运算符
    print('\n & 运算符例子: my_apple & your_apple = ',my_apple & your_apple)
    print('| 运算符例子: my_apple | your_apple = ',my_apple | your_apple)
    print('^ 运算符例子: my_apple ^ your_apple = ',my_apple ^ your_apple)
    print('~ 运算符例子: ~my_apple  ', ~my_apple)
    print('<< 运算符例子: my_apple << 2', my_apple << 2)
    print('>> 运算符例子: my_apple >>2  ', my_apple >>2)
```

运行结果如下所示。

```
 & 运算符例子: my_apple & your_apple =  3
| 运算符例子: my_apple | your_apple =  7
^ 运算符例子: my_apple ^ your_apple =  4
~ 运算符例子: ~my_apple  = -8
<< 运算符例子: my_apple << 2 = 28
>> 运算符例子: my_apple >>2  = 1
```

5.1.5　逻辑运算符

逻辑运算符主要是 and、or 等。逻辑运算符如表 5-5 所示。

表 5-5　逻辑运算符

运算符	表达式	描述
and	a and b	布尔与：如果 a 为 False，则返回 False，否则返回 b 的计算值
or	a or b	布尔或：如果 a 是 True，则返回 a 的值，否则返回 b 的计算值
not	not a	布尔非：如果 a 为 True，则返回 False。如果 a 为 False，则返回 True

例子：

```
# 逻辑运算符
print('and 运算符例子：my_apple and your_apple; my_apple = ',my_apple
and your_apple)
print('or 运算符例子：my_apple or your_apple; my_apple = ',my_apple
or your_apple)
print('not 运算符例子：not my_apple = ',not my_apple)
```

运行结果如下所示。

```
and 运算符例子：my_apple and your_apple; my_apple =  0.0
or 运算符例子：my_apple or your_apple; my_apple =  3
not 运算符例子：not my_apple =  True
```

5.1.6　成员运算符

成员运算符是判断一个变量的值是不是另外一个的一部分，变量的类型可以是字符串、列表或元组等。具体的成员运算符如表 5-6 所示。

表 5-6　成员运算符

运算符	描述
in	如果在指定的序列中找到一个变量的值，则返回 True，否则返回 False
not in	如果在指定序列中找不到变量的值，则返回 True，否则返回 False

例子：

```
# 成员运算符
my_pet = 'dog'
your_pet = 'cat'
animals = ['dog','rabbit','elephant']

if(my_pet in animals ):
    print(f"my pet,{my_pet} ,is in all animals, {animals}")
else:
    print(f'"my pet,{my_pet} ,is not in all animals, {animals}"')

if(your_pet not in animals):
    print(f'your pet ,{your_pet}, is not in all animals, {animals}')
else:
    print(f'your pet ,{your_pet}, is in all animals, {animals}')
```

运行结果如下所示。

```
my pet,dog ,is in all animals, ['dog', 'rabbit', 'elephant']
your pet ,cat, is not in all animals, ['dog', 'rabbit', 'elephant']
```

5.1.7 身份运算符

身份运算符用于比较两个对象是否为同一个对象，也就是判断两个变量引用的对象是否为同一个。而比较运算符中的==则用来比较两个对象的值是否相等。在 Python 中，每一个变量有 3 个属性：name、id、value，三者关系如图 5-1 所示。

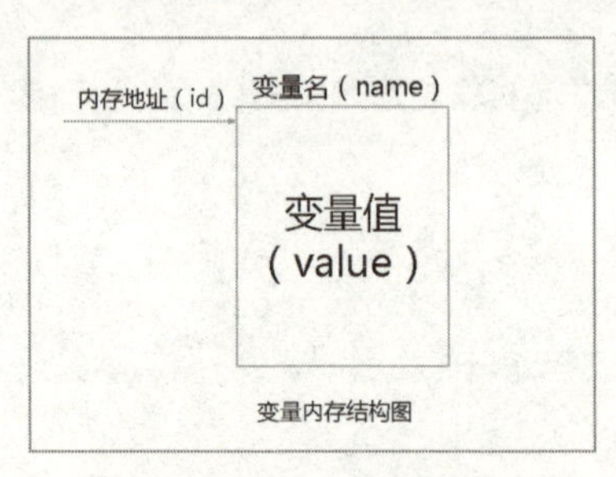

图 5-1　变量 3 个属性的关系

- name 是变量名，内存的名称就是变量名。实际上，内存数据都是以地址来标识的，根本没有内存名称这个说法，这只是高级语言提供的抽象机制，方便我们操作内存数据。
- id 是内存地址，用于标识内存块。
- value 是变量值，内存的数据就是变量值对应的二进制数。

身份运算符通过 id 来进行判断，id 相同就返回 True，否则返回 False。但是对于小的整数，Python 缓存了-5 到 257 之间的所有整数，共 262 个。如果对象的类型为整数或字符串且值一样，则 x==y 和 x is y 的值为 True。经测试，浮点型数值只有正浮点数符合这条规律，负浮点数不符合。如果对象是列表、字典、集合等，那么 x is y 则为 False。

身份运算符如表 5-7 所示。

表 5-7　身份运算符

运算符	表达式	描述
is	a is b,类似 id(a) == id(b)，如果引用的是同一个对象，则返回 True	is 用于判断两个标识符是不是引用自一个对象
is not	a is not b ,类似 id(a) != id(b)。如果引用的不是同一个对象，则返回结果 True	is not 用于判断两个标识符是不是引用自不同对象

例子：

```
'''
    身份运算符的例子，
    注意：你的 id 可能与例子中的不同，此为正常情况
'''

# 整数的比较
```

```
int_data = 30
int_data_2 = 30
print('== 判断变量的值是不是相等：',int_data == int_data_2)
print('is 判断是不是引用同一个对象:',int_data is int_data_2)
print('变量 int_data 的内存地址是:',id(int_data))
print('变量 int_data_2 的内存地址是:',id(int_data_2))
print('\n')
```

运行结果如下所示。

```
== 判断变量的值是不是相等： True
is 判断是不是引用同一个对象: True
变量 int_data 的内存地址是: 4468186288
变量 int_data_2 的内存地址是: 4468186288
```

字符串的比较如下所示。

```
#字符串的比较
str_data = 'dog'
str_data_2 = 'dog'
print('== 判断变量的值是不是相等：',str_data == str_data_2)
print('is 判断是不是引用同一个对象:',str_data is str_data_2)
print('变量 str_data 的内存地址是:',id(str_data))
print('变量 str_data_2 的内存地址是:',id(str_data_2))
print('\n')
```

运行结果如下所示。

```
== 判断变量的值是不是相等： True
is 判断是不是引用同一个对象: True
变量 str_data 的内存地址是: 4490441648
变量 str_data_2 的内存地址是: 4490441648
```

列表的比较如下所示。

```
#列表的比较
list_data =[1,2,3]
list_data_2=[1,2,3]
print('== 判断变量的值是不是相等:',list_data == list_data_2)
print('is 判断是不是引用同一个对象:',list_data is list_data_2)
print('变量 list_data 的内存地址是',id(list_data))
print('变量 list_data_2 的内存地址是',id(list_data_2))
print('\n')
```

运行结果如下所示。

```
== 判断变量的值是不是相等: True
is 判断是不是引用同一个对象: False
```

```
变量list_data的内存地址是 4485606216
变量list_data_2的内存地址是 4488237128
```

元组的比较如下所示。

```
# 元组的比较
tuple_data = ('name','age','location')
tuple_data_2 = ('name','age','location')
print('== 判断变量的值是不是相等:',tuple_data == tuple_data_2)
print('is 判断是不是引用同一个对象:',tuple_data is tuple_data_2)
print('变量tuple_data的内存地址是',id(tuple_data))
print('变量tuple_data_2的内存地址是',id(tuple_data_2))
print('\n')
```

运行结果如下所示。

```
== 判断变量的值是不是相等: True
is 判断是不是引用同一个对象: False
变量tuple_data的内存地址是 4490390696
变量tuple_data_2的内存地址是 4490391200
```

字典的比较如下所示。

```
# 字典的比较
dict_data = {"employee id":"0001","employee name":"Nelson",'age':38}
dict_data_2 = {"employee id":"0001","employee name":"Nelson",'age':38}
print('== 判断变量的值是不是相等:',dict_data == dict_data_2)
print('is 判断是不是引用同一个对象:',dict_data is dict_data_2)
print('变量dict_data的内存地址是',id(dict_data))
print('变量dict_data_2的内存地址是',id(dict_data_2))
print('\n')
```

运行结果如下所示。

```
== 判断变量的值是不是相等: True
is 判断是不是引用同一个对象: False
变量dict_data的内存地址是 4488235336
变量dict_data_2的内存地址是 4488234688
```

将一个变量的值赋值给另一个变量，其实就是将这两个变量指向同一个内存地址。因此，如果这个变量的值改变了，那么另一个变量的值也会跟着改变，因为它们的内存地址始终相同。以 list 为例介绍赋值后比较，如下所示。

```
#赋值后比较
list_data_3 =[1,2,3]
```

```
list_data_4 = list_data_3
print('== 判断变量的值是不是相等:',list_data_3 == list_data_4)
print('is 判断是不是引用同一个对象:',list_data_3 is list_data_4)
print('变量 list_data_3 的内存地址是',id(list_data_3))
print('变量 list_data_4 的内存地址是',id(list_data_4))
print('\n')
```

运行结果如下所示。

```
== 判断变量的值是不是相等: True
is 判断是不是引用同一个对象: True
变量 list_data_3 的内存地址是 4494479432
变量 list_data_4 的内存地址是 4494479432
```

5.1.8 浅拷贝与深拷贝

为了让一个对象发生改变时不对原对象产生副作用，我们需要一份这个对象的拷贝，Python 提供了拷贝机制来完成这样的任务，对应的模块是 copy。拷贝分为浅拷贝与深拷贝。

浅拷贝就是创建一个具有相同类型、相同值，但不同 id 的新对象。浅拷贝仅仅对对象自身创建了一份拷贝，而没有进一步处理对象中包含的子对象值（比如，列表、字典等子对象）。也就是说，浅拷贝对子对象不起作用，其中一个变量的子对象值被修改了，另外一个也跟着被修改。因此浅拷贝的典型使用场景是：对象自身发生改变的同时需要保持对象中的值完全相同，比如 list 排序。

例子：

```
# 浅拷贝方法是 copy.copy()
import copy
a = [7, 5, 6, ['m', 'o', 'p']]
b = copy.copy(a)
print(id(a), id(b))
print(a is b)
print(F'a,{a}与 b,{b}有一样的值\n')
a.append(10)
print("浅拷贝的值互不影响\n")
print(id(a), id(b))
print('a 被修改为：',a)
print('b 没有被修改',b)
a[3].append('new')
print("浅拷贝不能拷贝子对象的值，a 的子对象修改了，b 也跟着修改\n")
print(id(a), id(b))
print('a 的值也被修改为:',a)
```

```
print('b的值也被修改为:',b)
print(a is b)
print(a[3] is b[3])
```

运行结果如下所示。

```
4528962568 4528970824
False
a,[7, 5, 6, ['m', 'o', 'p']]与b,[7, 5, 6, ['m', 'o', 'p']]有一样的值

浅拷贝的值互不影响

4528962568 4528970824
a被修改为: [7, 5, 6, ['m', 'o', 'p'], 10]
b没有被修改 [7, 5, 6, ['m', 'o', 'p']]
浅拷贝不能拷贝子对象的值，a的子对象修改了，b也跟着修改

4528962568 4528970824
a的值也被修改为: [7, 5, 6, ['m', 'o', 'p', 'new'], 10]
b的值也被修改为: [7, 5, 6, ['m', 'o', 'p', 'new']]
False
True
```

深拷贝不仅仅拷贝原始对象自身，也会对其包含的值进行拷贝，它会递归地查找对象中包含的其他对象的引用来完成更深层次的拷贝。拷贝完成以后，两个变量为完全独立的对象，互不影响。因此，深拷贝产生的副本可以随意修改而不必担心会引起原始值的改变。

```
# 深拷贝方法是 copy.deepcopy()
print('深拷贝的例子\n')
a = [7, 5, 6, ['m', 'o', 'p']]
b = copy.deepcopy(a)
print(id(a), id(b))
print(a is b)
print(F'a,{a}与b,{b}有一样的值\n')
a.append(10)
print("深拷贝的值互不影响\n")
print(id(a), id(b))
print('a被修改为: ',a)
print('b没有被修改',b)
a[3].append('new')
print("深拷贝的子对象不会被拷贝\n")
print(id(a), id(b))
print('a的值也被修改为:',a)
print('b的值没有被修改:',b)
print(a is b)
print(a[3] is b[3])
```

运行结果如下所示。

```
深拷贝的例子

4526931464 4526922760
False
a,[7, 5, 6, ['m', 'o', 'p']]与b,[7, 5, 6, ['m', 'o', 'p']]有一样的值

深拷贝的值互不影响

4526931464 4526922760
a 被修改为： [7, 5, 6, ['m', 'o', 'p'], 10]
b 没有被修改 [7, 5, 6, ['m', 'o', 'p']]
深拷贝的子对象不会被拷贝

4526931464 4526922760
a 的值也被修改为: [7, 5, 6, ['m', 'o', 'p', 'new'], 10]
b 的值没有被修改: [7, 5, 6, ['m', 'o', 'p']]
False
False
```

综上所述，关于赋值、浅拷贝、深拷贝的区别如下：如果用夫妻关系来形容，那么赋值就是模范夫妻，要变一起变；浅拷贝是快要离婚的夫妻，只有孩子的事才一起商量，而孩子就是子对象，包括字典、列表等；深拷贝就是孩子已经长大，马上要离婚的夫妻，互不影响。

5.1.9　运算符优先级

运算符的优先级决定了计算顺序，表 5-8 列出了从最高到最低优先级的所有运算符。但是我们不需要死记硬背，在项目中我们有时候可以加括号以使弱优先级优先执行。此外，添加了括号程序可读性也会更好。

表 5-8　运算符优先级

运算符	描述
**	指数（最高优先级）
~ + -	按位翻转 一元加号（它的方法名为+@） 一元减号（它的方法名为-@）
* / % //	乘 除 取模 取整除

续表

运算符	描述
+ -	加法 减法
>> <<	右移运算符 左移运算符
&	位'AND'
^|	位运算符
<= < > >=	比较运算符
<> == !=	等于运算符
= %= /= //= -= += *= **=	赋值运算符
is is not	身份运算符
in not in	成员运算符
and or not	逻辑运算符

例子：

```
# 优先级
number  = 2*2**3 #幂的优先级大于乘法

print("number is ",number)
number = (2*2)**3 #使用括号更改优先级顺序
print('使用()优先级以后，number is' , number)
```

运行结果如下所示。

```
number is  16
使用()优先级以后，number is 64
```

5.2 Python 的三大控制结构

控制结构就是控制程序执行顺序的结构。Python 有三大控制结构，分别是顺序结构、分支结构（选择结构）及循环结构。任何一个项目或者算法都可以使用这三种结构来设计完成。这三种控制结构也是结构化程序设计的核心，与之相对的是面向对象程序设计。大名鼎鼎的 C 语言就是结构化语言，而 C++、Java 或者 Python 等都是面向对象的语言。

5.3 顺序结构

顺序结构是按照代码顺序执行的。本节前面的代码都是顺序结构的。图 5-2 是顺序结构的示意图，其中语句 1、语句 2 为代码。

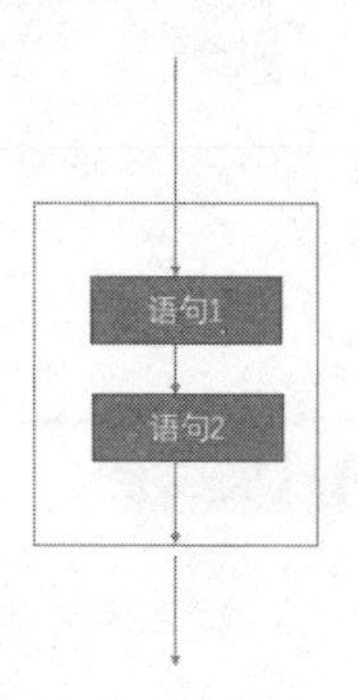

图 5-2 顺序结构示意图

语句 1、语句 2 又被称为代码块。代码块又称为语句块，是一组代码的集合。在 Python 语言中，Python 根据缩进来判断代码行与前一行的关系。如果代码的缩进相同，那么 Python 认为它们为一个语句块；否则就是两个语句块。一般使用 Tab 键缩进代码，有的 IDE 自动缩进代码，比如 Pycharm。

```
this is one block
this is a new line in the one block
    this is second block
    this is a new line in the second block
    ××××××
this is the three block
this is a new line in the three block
```

注意：*在编写分支或循环结构代码时，一定要注意代码的缩进问题。*

需要缩进的代码一定要缩进，否则不仅得不到正确的结果，还有可能出现语法错误。

如果没有出现语法错误，也就是代码可以运行，则是运行错误或者逻辑错误。调试这样的代码，要仔细查找，也可以通过画流程图的方法查找。具体的分支或循环结构中的缩进方法，下面会详细介绍。

5.4 分支结构

分支结构又称为选择结构，意思是程序代码根据判断条件选择执行特定的代码。如果条件为真，则程序执行一部分代码；否则执行另一部分代码。也可以理解为判断条件把程序分为两部分，根据条件的结果只能执行其中的一部分。比如以高考为条件，考上了就去上大学；否则就去做其他的。分支结构示意图如图 5-3 所示，当条件为真时执行语句 1，否则执行语句 2。

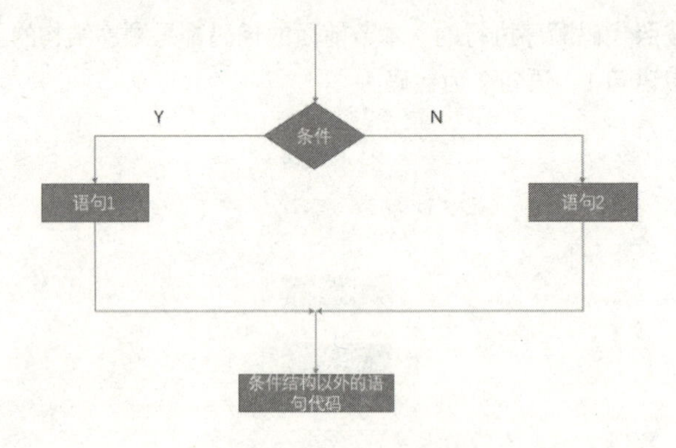

图 5-3　分支结构示意图

在 Python 语言中，选择结构的语法使用关键字 if、elif、else 来表示，具体语法如下所示。

1. if 语句

当判断条件为真时，if 语句执行语句组。

语法：

```
if 判断条件:
    语句组
```

（1）判断条件就是前面的各种运算符表达式的一种或几种的组合，例如 age>=18。

（2）判断条件格式以冒号（:）结尾。

（3）如果判断条件为真，则执行语句组（一行或多行代码）。

（4）语句组为一个代码块，用缩进表示。

例子：

```
merried = True
```

```
if merried:
    print("请接受我们的夫妇套餐，并且享受 8 折优惠")
    print("还请帮忙宣传我们餐馆，多谢！\n")
```

运行结果如下所示。

```
请接受我们的夫妇套餐，并且享受 8 折优惠
还请帮忙宣传我们餐馆，多谢！
```

2. if-else 语句

当判断条件为真时，if-else 语句执行语句组 1；否则执行语句组 2。

语法：

```
if 判断条件：
    语句组 1
else:
    语句组 2
```

例子：

```
# if-else 语句
merried = False
if merried:
    print("请接受我们的夫妇套餐，并且享受 8 折优惠")
    print("还请帮忙宣传我们餐馆，多谢！\n")
else:
    print("请接受我们的单身套餐，并且享受 9 折优惠")
    print("也请帮忙宣传我们餐馆，多谢！\n")
```

运行结果如下所示。

```
请接受我们的单身套餐，并且享受 9 折优惠
也请帮忙宣传我们餐馆，多谢！
```

3. if-elif-else

if-elif-else 用在有三个判断条件的情况下，只要符合其中的一个，就执行相应的代码，然后跳出所有判断语句。

语法：

```
if 判断条件 1：
    语句组 1
elif 判断条件 2：
    语句组 2
else:
    语句组 3
```

例子：

```
# if-elif-else 语句
merried = False
double = True
if merried and double:
    print("请接受我们的夫妇套餐,并且享受打 8 折优惠")
    print("还请帮忙宣传我们餐馆，多谢！\n")
elif merried or double:
    print(" 请接受我们的情侣套餐，并享受 7.5 折")
    print("还请帮忙宣传我们餐馆，多谢！\n")
else:
    print("请接受我们的单身套餐，并且享受 9 折优惠")
    print("也请帮忙宣传我们餐馆，多谢！\n")
```

运行结果如下所示。

```
请接受我们的情侣套餐，并享受 7.5 折
还请帮忙宣传我们餐馆，多谢！
```

4. if-elif-elif-else

在有多个判断条件的情况下，只要符合其中的一个，就执行相应的代码。

语法：

```
if 判断条件 1:
    语句组 1
elif 判断条件 2:
    语句组 2
elif 判断条件 3:
    语句组 3
else:
    语句组 4
```

例子：

```
# if-elif-elif-else 语句
merried = False
double = False
break_up = True
if merried:
    print("请接受我们的夫妇套餐,并且享受 8 折优惠")
    print("还请帮忙宣传我们餐馆，多谢！\n")
elif double:
    print("请接受我们的情侣套餐,并且享受 7.5 折优惠")
    print("还请帮忙宣传我们餐馆，多谢！\n")
elif break_up:
    print("请接受我们的安慰套餐，并且享受 7 折优惠\n")
else:
    print("请接受我们的单身套餐，并且享受 9 折优惠")
```

```
    print("也请帮忙宣传我们餐馆，多谢！\n")
```

运行结果如下所示。

```
请接受我们的安慰套餐，并且享受 7 折优惠
```

5. 嵌套代码块

if 语句里面嵌套使用 if 语句，嵌套的 if 语句可以是上面 4 种语法中的任何一种。

语法：

```
if 判断条件 1:
    if 判断条件 2:
        语句组 1
    else:
        语句组 2
else:
  语句组 3
```

例子：

```
# 嵌套语句
merried = False
double = False
break_up = True
if not merried:
    if double:
        print("请接受我们的情侣套餐,并且享受 7.5 折优惠")
        print("还请帮忙宣传我们餐馆，多谢！\n")
    elif break_up:
        print("请接受我们的安慰套餐，并且享受 7 折优惠\n")
    else:
        print("请接受我们的单身套餐，并且享受 9 折优惠")
        print("也请帮忙宣传我们餐馆，多谢！\n")
else:
    print("请接受我们的夫妇套餐,并且享受打 8 折优惠")
    print("还请帮忙宣传我们餐馆，多谢！\n")
```

运行结果如下所示。

```
请接受我们的安慰套餐，并且享受 7 折优惠
```

5.5 循环结构

不断重复就是循环。循环结构是在一定条件下反复执行某部分代码的操作，是 Python 程序数据中使用率最高的一个结构。在 Python 语言中，常见的循环结构有 for 循环和 while

循环。循环结构示意图如图 5-4 所示，当条件为真时，Python 执行语句组，否则执行循环外的语句。

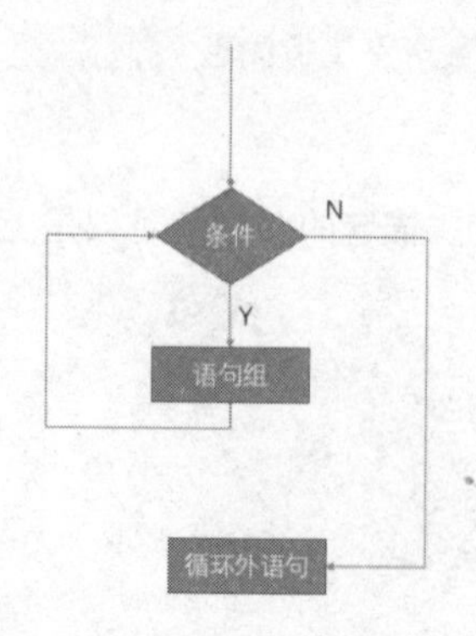

图 5-4　循环结构示意图

5.6 for 循环

for 循环为循环结构的一种。在 Python 中，for 循环是一种迭代循环，每次操作都是基于上一次的结果而进行的。for 循环常用于遍历字符串、列表、字典等数据结构。

语法：

```
for 变量名 in 序列:
    语句组
```

（1）for 循环也被称为 for in 结构。变量名为序列中的一个元素，遍历完所有元素循环结束。在每一次的循环中，执行语句组。

（2）序列后以冒号结尾。

（3）语句组内的代码为一个语句块，具有相同的缩进。

（4）易错点：忘记缩进，得到了不同的结果。

（5）for 循环的缺点：程序开始时必须提供输入数字的总数，大规模数字求平均值需要用户先数清楚个数，提供固定循环次数。

例子：

```
# 遍历字符串

str_data = 'Now is better than never'
count = 0
for str_d in str_data:
    #print("遍历字符串：",str_d)
    #统计字符串中 e 出现的次数
    if str_d == 'e':
        count +=1
```

```
# 练习：如果把此句print()缩进，那么结果会是什么
print(f"在字符串 {str_data} 中，字母 e 出现的次数是{count}\n")
```

运行结果如下所示。

```
在字符串 Now is better than never 中，字母 e 出现的次数是 4
```

5.6.1 for 循环与列表

在 Python 编程中，我们经常用 for 循环创建列表。首先，创建一个空的列表，然后在每一次循环中用 append()方法给空的列表添加元素，直到循环结束。比如下面的例子，求 10 以内的奇数，首先创建空的列表 odds，然后使用 for 循环生成 10 个数字。在每一次循环中，我们判断数字是不是奇数，如果是，则使用 append()方法加入 odds 列表中。

```
# 求 10 以内的奇数
odds = []

# 使用 range(10)生成数字
for n in range(10):
    # 如果数字除以 2 的余数为 1，则为奇数
    if n % 2 ==1:
        odds.append(n)
print(f'使用 for 循环求 10 以内的奇数有：{odds}')
```

运行结果如下所示。

```
使用 for 循环求 10 以内的奇数有：[1, 3, 5, 7, 9]
```

在列表中，for 循环的第二个常见用法是遍历整个列表，也就是利用 for 循环得到列表中每一个元素的值，然后执行相同的操作。

```
# 遍历列表
name_fuyao = ['扶摇','周叔','国公','无极太子','医圣','非烟殿主','穹苍']
print(f"列表元素有：{name_fuyao}")

# 对列表中的每一个元素执行相同的操作
for name in name_fuyao:
    print(name.title()+' 是《扶摇》电视剧中的角色名字。')
# 练习题：循环外执行，如果缩进以后，那会变成什么结果
print("\n你感觉电视剧《扶摇》好看吗？")
```

运行结果如下所示。

```
列表元素有：['扶摇', '周叔', '国公', '无极太子', '医圣', '非烟殿主', '穹苍']
扶摇 是《扶摇》电视剧中的角色名字。
周叔 是《扶摇》电视剧中的角色名字。
```

```
国公 是《扶摇》电视剧中的角色名字。
无极太子 是《扶摇》电视剧中的角色名字。
医圣 是《扶摇》电视剧中的角色名字。
非烟殿主 是《扶摇》电视剧中的角色名字。
穹苍 是《扶摇》电视剧中的角色名字。

你感觉电视剧《扶摇》好看吗?
```

当要用到 index 和 value 值的时候，Python 利用 enumerate()函数遍历列表。函数 enumerate()的参数为可遍历的变量，如字符串、列表等均可，返回 enumerate 类。比如下面的例子，我们可以使用该函数得到演员角色是列表中的第几个角色名字。

使用 enumerate()函数得到索引和值，该知识点经常被使用。

```
for index , name in enumerate(name_fuyao):
    print(name.title()+f' 是《扶摇》电视剧列表中第 {index} 角色名字。')
```

运行结果如下所示。

```
扶摇 是《扶摇》电视剧列表中第 0 角色名字。
周叔 是《扶摇》电视剧列表中第 1 角色名字。
国公 是《扶摇》电视剧列表中第 2 角色名字。
无极太子 是《扶摇》电视剧列表中第 3 角色名字。
医圣 是《扶摇》电视剧列表中第 4 角色名字。
非烟殿主 是《扶摇》电视剧列表中第 5 角色名字。
穹苍 是《扶摇》电视剧列表中第 6 角色名字。
```

在使用 enumerate()函数遍历列表的时候，我们也可以根据该函数得到的索引和值，结合 for 循环来创建字典。

```
# 创建列表
douban_movie = ['肖申克的救赎', '霸王别姬', '这个杀手不太冷','阿甘正传']
# 构建空的字典
movies = {}
# 根据 enumerate()函数创建字典
for i, value in enumerate(douban_movie):
    movies[i] = value
print('创建电影名单:', movies)
```

运行结果如下所示。

```
创建电影名单: {0: '肖申克的救赎', 1: '霸王别姬', 2: '这个杀手不太冷', 3:
'阿甘正传'}
```

另外，Python 中有一个常用的内建函数 zip()，可以先把列表、元组或其他序列的元素配对，打包成一个个元组，然后返回成一个由元组对组成的列表。该函数可以处理任意长度的序列，它生成列表的长度则由最短的序列决定。最后，我们可以使用 for 循环遍历这个列表，得到每一个值。

```
language_6 = ['Python', 'Java', 'C++']
names = ['Xiaoming', 'Andy', 'Baby']
# 打包变量
print('打包后的列表是:',list(zip(language_6, names)))

# 使用循环输出
for name, value in zip(language_6, names):
   print('{}:{}'.format(name,value))

letters = ['a', 'b', 'c']
nums = [1, 2]
# 打包变量
print('根据最短的列表打包：', list(zip(letters, nums)))
# 使用循环输出
for letter, num in zip(letters, nums):
   print("{}: {}".format(letter, num))
```

运行结果如下所示。

```
打包后的列表是：[('Python', 'Xiaoming'), ('Java', 'Andy'), ('C++',
'Baby')]
Python:Xiaoming
Java:Andy
C++:Baby

根据最短的列表打包： [('a', 1), ('b', 2)]
a: 1
b: 2
```

for 循环的另外一种常见用法是创建数值列表，在项目中经常用到，因为列表非常适合用于存储数字集合。如果需要生成数值序列，则可以使用内置的 range()函数与 list()函数结合生成，也就是 list(range())。List()函数把 range()函数生成的数字转化为数值列表。range()函数几乎能够创建任何需要的数字集；如果需要获取列表的长度，则 len()函数可以达到目的。

range()函数的语法如下所示。

```
range(start,end,step=1):
```

注意：range()函数生成的列表是从 start 开始，到 end-1 为止。

例子：

```
# range(10)：默认 step=1，start=0，生成可迭代对象，包含[0, 1, 2, 3, 4,
5, 6, 7, 8, 9]
# range(1,10)：指定 start=1，end=10，默认 step=1，生成可迭代对象，包含
[1, 2, 3, 4, 5, 6, 7, 8, 9]
# range(1,10,2):指定 start=1，end=10，step=2，生成可迭代对象，包含[1,
3, 5, 7, 9]
```

```
# 生成数字序列
for i in range(1,11,2):
    print(F"10 以内的奇数是 {i}")
# len()函数求列表的长度，当列表不知道长度时，len()函数被用于求列表长度
a = [1,2,3,4]
for i in range(len(a)):
    print("当列表很长时，使用 len()函数获得长度，用 for 访问列表元素的值
",a[i])
# list() + range()=数值列表
even_numbers = list(range(2,11,2))
for i in even_numbers:
    print(f"10 以内的偶数是{i}")
```

运行结果如下所示。

```
10 以内的奇数是 1
10 以内的奇数是 3
10 以内的奇数是 5
10 以内的奇数是 7
10 以内的奇数是 9
当列表很长时，使用 len()函数获得长度，用 for 访问列表元素的值 1
当列表很长时，使用 len()函数获得长度，用 for 访问列表元素的值 2
当列表很长时，使用 len()函数获得长度，用 for 访问列表元素的值 3
当列表很长时，使用 len()函数获得长度，用 for 访问列表元素的值 4
10 以内的偶数是 2
10 以内的偶数是 4
10 以内的偶数是 6
10 以内的偶数是 8
10 以内的偶数是 10
```

5.6.2 for 循环与字典

字典中的键值对可能有上百万个。Python 支持使用 for 循环遍历字典，包括遍历所有键值对（使用 items()方法）、遍历字典中的所有键（使用 keys()方法），以及遍历字典中的所有值（使用 values()方法）。

例子：

```
# 构建一个字典，记录后宫嫔妃的年薪银子，单位是两
name_dictionary = {'皇妃':300,
                   '皇后':1000,
                   '皇贵妃':800,
                   '贵妃':600,
                   '嫔':200}

print(' ')
```

```
# 使用 for 循环遍历字典中的 key-value，使用 items()方法返回键值对列表
print("后宫嫔妃的年薪是:")
for key, value in name_dictionary.items():
    print(f'\t{key} 的年薪是 {value} 两')

print(' ')
# 遍历字典中的所有键，使用 keys()方法
print('后宫嫔妃的级别有：')
for name in name_dictionary.keys():
    print(f'\t {name}')

# 遍历字典中的所有值，使用 values()方法
print('后宫嫔妃的年薪由以下结构组成：')
for value in name_dictionary.values():
    print(f'\t{value}')
```

运行结果如下所示。

```
后宫嫔妃的年薪是:
    皇妃 的年薪是 300 两
    皇后 的年薪是 1000 两
    皇贵妃 的年薪是 800 两
    贵妃 的年薪是 600 两
    嫔 的年薪是 200 两

后宫嫔妃的级别有：
     皇妃
     皇后
     皇贵妃
     贵妃
     嫔

后宫嫔妃的年薪由以下结构组成：
    300
    1000
    800
    600
    200
```

5.6.3 嵌套 for 循环

嵌套 for 循环是在 for 循环中嵌入另外一个循环。

语法：

```
for 变量名 1 in 序列 1:
    for 变量名 2 in 序列 2:
        语句组 1
    语句组 2
```

例子 1:

```
for i in range(0,4):
    for j in range(0,7):
        print("*",end="")
    print(' ')
```

运行结果如下所示。

```
*******
*******
*******
*******
```

例子 2:

```
for i in range(1,8,2):
    for j in range(i):
        print("*",end="")
    print(' ')
```

运行结果如下所示。

```
*
***
*****
*******
```

5.6.4　项目练习：运用 for 循环生成九九乘法表

九九乘法表一共有 9 行数据，因此可以确定外层循环为 9 次，并且使用 range(1,10)生成 9 个数字。而每一行的数据个数刚好等于所在的行数，比如第一行只有一个数据 1*1=1，第八行有 8 个数据。因此，我们确定内层循环的次数和外层的行数，并且使用 range(1,行数+1)表示。用 print()函数显示乘法表的数据。

例子：chengfabiao.py

```
for i in range(1, 10):
    for j in range(1, i+1):
        #  end=' '表示 print()函数末尾以空结束，而不是换行
        print(f'{i}*{j} = {i*j} ', end=' ')
```

```
    # print()函数自动换行
    print('')
```

运行结果如下所示。

```
  1*1 = 1
  2*1 = 2  2*2 = 4
  3*1 = 3  3*2 = 6  3*3 = 9
  4*1 = 4  4*2 = 8  4*3 = 12  4*4 = 16
  5*1 = 5  5*2 = 10  5*3 = 15  5*4 = 20  5*5 = 25
  6*1 = 6  6*2 = 12  6*3 = 18  6*4 = 24  6*5 = 30  6*6 = 36
  7*1 = 7  7*2 = 14  7*3 = 21  7*4 = 28  7*5 = 35  7*6 = 42  7*7 = 49
  8*1 = 8  8*2 = 16  8*3 = 24  8*4 = 32  8*5 = 40  8*6 = 48  8*7 = 56
8*8 = 64
  9*1 = 9  9*2 = 18  9*3 = 27  9*4 = 36  9*5 = 45  9*6 = 54  9*7 = 63
9*8 = 72  9*9 = 81
```

5.7 列表解析式

5.7.1 概念

利用 for 循环创建列表非常低效，并且代码复杂。在 Python 编程中，我们经常使用列表解析式动态创建列表。它是一个非常有用、简单且灵活的工具。具体来讲，它是将一个列表转化为另外一个列表的工具。在这个转换过程中，它分为两种模式，分别是指定 if 条件和无条件。指定 if 条件的转换是只有指定元素必须符合一定的条件时，才能添加到新的列表中。这样做的目的是元素都可以按照需要进行转换。无条件转换是所有元素都可以转换为列表。

指定 if 条件的转换语法如下所示。

```
列表名 = [表达式 for 变量名 in 序列 if 条件]
```

指定 if 条件的转换语法与下面的 for 循环是等价的。

语法：

```
列表名  = []
for 变量名 in 序列:
    if 条件:
        列表名.append()
```

无条件转换的语法如下所示。

```
列表名 = [表达式 for 变量名 in 序列]
```

它与下面的 for 循环是等价的。

语法：

```
列表名  = []
for 变量名 in 序列:
    列表名. append()
```

注意：以上语法的核心是 for 循环，它可以循环序列中的所有条目，然后作用于表达式，最后的结果值是该表达式产生的列表。如果指定 if 条件的转换，那么 for 循环会先过滤满足条件的条目，然后作用于表达式。

5.7.2 指定 if 条件的列表解析式

列表解析式中的核心是 for 循环。每一个列表解析式都可以重写为 for 循环，但并不是每一个 for 循环都可以重写为列表解析式。一般使用复制、粘贴的方法把 for 循环转换为列表解析式。比如我们使用 for 循环求 10 以内的奇数，代码见 5.6.1 节。

下面，我们使用复制、粘贴的方法将 5.6.1 节中“求 10 以内的奇数”的代码转换为列表解析式，具体步骤如下所示。

（1）复制 odds=[]。

（2）把 append()方法中的变量 *n* 写入新列表中，也就是 odds = [n]。

（3）复制 for 循环语句，注意最后不需要冒号，也就是 odds = [n for n in range(10)]。

（4）复制 if 条件控制语句，注意最后不需要冒号，也就是 odds = [n for n in range(10) if n % 2 ==1]。

转换后的代码如下所示。

```
odds = [n for n in range(10) if n % 2 ==1]
print(f'使用列表解析式求 10 以内的奇数有：{odds}')
```

运行结果如下所示。

```
使用列表解析式求 10 以内的奇数有：[1, 3, 5, 7, 9]
```

这样转换后的代码不便于阅读。为了可读性，我们使用断行的方法把每一个代码点断开。注意：断行不是随意断开的，而是根据复制的代码进行断行的。比如上面的代码，我们把步骤（2）、（3）和步骤（4）断开。

可读性比较好的列表解析式如下所示。

```
# 为了可读性，Python 支持在中括号或花括号中断行
odds_new = [
    n
    for n in range(10)
    if n % 2 ==1
]
```

```
print(f'使用断行的列表解析式求 10 以内的奇数有：{odds_new}')
```

运行结果如下所示。

```
使用断行的列表解析式求 10 以内的奇数有：[1, 3, 5, 7, 9]
```

在上面的指定 if 条件的列表解析式中，我们没有考虑 else 的情况。如果考虑 else 的情况，则 if else 被用来赋值。当序列中的数据满足 if 条件时，数据将根据 if 条件处理，否则根据 else 后面的表达式处理。

第二种指定 if 条件的转换语法如下所示。

```
列表名 = [表达式 if 条件 else 表达式 for 变量名 in 序列]
```

比如求 10 以内的奇数，并且把偶数加 1 变成奇数。首先，使用 for 循环实现，然后使用复制、粘贴的方法把它转换为列表解析式。

使用 for 循环实现如下所示。

```
# 10 以内的奇数，并且把偶数加 1 变成奇数
print()

odds = []
for n in range(10):
    if n % 2 == 1:
        odds.append(n)
    else:
        odds.append(n+1)
print('10 以内的奇数，并且把偶数加 1 变成奇数', odds)
```

运行结果如下所示。

```
10 以内的奇数，并且把偶数加 1 变成奇数 [1, 1, 3, 3, 5, 5, 7, 7, 9, 9]
```

同样，我们使用复制、粘贴的方法，把上述代码变成列表解析式。

（1）复制 odds= []。

（2）把 append()方法中的变量 n 写入新列表中，也就是 odds = [n]。

（3）复制 if 语句，注意 if 写在 for 前面要求必须有 else 项，也就是 odds = [n if n % 2 ==1]。

（4）复制 else 语句，也就是 odds = [n if n % 2 ==1 else n+1]。

（5）复制 for 循环，也就是 odds = [n if n % 2 ==1 else n+1 for n in range(10)]。

列表解析式实现如下所示。

```
odds = [n if n % 2 ==1 else n+1 for n in range(10)]
print('第二种有条件的列表解析式：', odds)
```

运行结果如下所示。

```
第二种有条件的列表解析式： [1, 1, 3, 3, 5, 5, 7, 7, 9, 9]
```

为了可读性，我们把上面的列表解析式断行。可读性比较好的列表解析式如下所示。

```
# 为了可读性，使用断行
odds_new = [
    n
    if n % 2 ==1
    else n+1
    for n in range(10)
]
print('使用断行显示第二种有条件的列表解析式：', odds)
```

运行结果如下所示。

```
使用断行显示第二种有条件的列表解析式： [1, 1, 3, 3, 5, 5, 7, 7, 9, 9]
```

为了进一步说明上面的两种有条件的列表解析式，我们选择了下面的例子。数据分析时经常遇到浮点型数据，这不便于以后的分析。我们使用列表解析式把浮点数变成整数类型。首先，把数据作用于 if 条件，判断数据类型是不是浮点数。如果是，则用 int()把数据进行强制类型转换，否则直接放在列表中。为了说明 if 结构的列表解析式，我们选取的例子是从一堆浮点数中选择大于 1000 的数。此时 if 条件就是筛选数据是否满足条件，如果满足则放入列表，否则放弃。

```
'''
    第二个例子：把浮点数变成整数类型
    目的：为了区分两种有条件的列表解析式
'''
data = ['Nelson', '2018-10-31', 320.0, 78.0, 1200.0, 3.0, 78.0, 'CN',
1400.0]

# if-else 结构的列表解析式
number_data = [int(x) if type(x) == float else x for x in data]
print('使用列表解析式把浮点数变成整数类型', number_data)

# if 结构的列表解析式
float_1000 = [n for n in data if type(n) == float and n > 1000]
print('使用列表解析式构建大于 1000 的列表:', float_1000)
```

运行结果如下所示。

```
使用列表解析式把浮点数变成整数类型 ['Nelson', '2018-10-31', 320, 78,
1200, 3, 78, 'CN', 1400]
使用列表解析式构建大于 1000 的列表： [1200.0, 1400.0]
```

5.7.3 无条件的列表解析式

本节讲解无条件的列表解析式，无条件转换是把所有元素都转换为列表。比如生成 10 个数字的列表，首先，使用 for 循环实现，然后用无条件的列表解析式实现。

利用 for 循环实现的代码如下所示。

```
# 生成 10 个数字的列表
ten_list = []

# 使用 range(11)生成 10 个数
for n in range(10):
    ten_list.append(n)
print(f'使用 for 循环生成 10 个数字的列表有: {ten_list}')
```

运行结果如下所示。

```
使用 for 循环生成 10 个数字的列表有: [0, 1, 2, 3, 4, 5, 6, 7, 8, 9]
```

同样，我们使用复制、粘贴的方法，把上面的代码转换为列表解析式，步骤如下所示。

（1）复制 ten_list= []。

（2）把 append()方法中的变量 n 写入新列表中，也就是 ten_list = [n]。

（3）复制 for 循环语句，注意最后不需要冒号，也就是 ten_list = [n for n in range(11)]。

利用列表解析式实现的代码如下所示。

```
odds = [n for n in range(10)]
print(f'使用列表解析式生成 10 个数字的列表: {odds}')
```

运行结果如下所示。

```
使用列表解析式生成 10 个数字的列表: [0, 1, 2, 3, 4, 5, 6, 7, 8, 9]
```

5.7.4 嵌套循环的列表解析式

根据 5.6.3，嵌套 for 循环就是在 for 循环中添加另外一个 for 循环。我们也可以使用嵌套 for 循环动态生成列表，但是效率特别低下。为了提高程序效率，嵌套 for 循环也可以转换为列表解析式。它与普通的列表解析式一样，也分为两种：指定 if 条件的转换与无条件转换。

指定 if 条件的转换语法如下所示。

```
列表名 = [表达式 for 变量名 in 序列 for 变量名 in 序列 if 条件]
```

指定 if 条件的转换语法与下面的 for 循环是等价的。

```
列表名 = [ ]
for 变量名 in 序列:
```

```
    for 变量名 in 序列:
        if  条件:
            列表名. append(表达式)
```

无条件转换的语法如下所示。

```
列表名 = [表达式 for 变量名 in 序列 for 变量名 in 序列 ]
```

它与下面的 for 循环是等价的。

```
列表名 = [ ]
for 变量名 in 序列:
    for 变量名 in 序列:
        列表名. append(表达式)
```

列表解析式中 for 循环子句的顺序与原来的 for 循环语句的顺序一致。

比如计算两个列表中同时为奇数的和，我们分别用 for 循环和列表解析式实现。

- 利用 for 循环实现。

```
number_1 = [1, 2, 3]
number_2 = [4, 5, 6]
sum_odd = []
for i in number_1:
    for j in number_2:
        if i % 2 == 1 and j % 2 == 1:
            sum_odd.append(i+j)
print('两个列表中同时为奇数的和:', sum_odd)
```

运行结果如下所示。

```
两个列表中同时为奇数的和: [6, 8]
```

- 利用列表解析式实现。

我们用复制、粘贴的方法，把上面的代码转化为列表解析式的步骤为：

（1）复制 sum_odd = []。

（2）把 append()方法中的变量 i + j 写入新列表中，也就是 sum_odd = [i+j]。

（3）复制外层 for 循环语句，注意最后不需要冒号，也就是 sum_odd = [i+j for i in number_1]。

（4）复制内层 for 循环语句，注意最后不需要冒号，也就是 sum_odd = [i+j for i in number_1 for j in number_2]。

（5）复制 if 语句，注意最后不需要冒号，也就是 sum_odd = [i+j for i in number_1 for j in number_2 if i % 2 == 1 and j % 2 == 1]。

```
sum_odd = [i+j for i in number_1 for j in number_2 if i % 2 == 1 and j % 2 == 1]
```

```
print('使用列表解析式计算两个列表中同时为奇数的和:', sum_odd)
```

运行结果如下所示。

```
使用列表解析式计算两个列表中同时为奇数的和: [6, 8]
```

把上面的列表解析式断行，可以得到一个可读性比较好的列表解析式。

```
# 为了可读性，断行列表解析式
sum_odd = [
    i+j
    for i in number_1
    for j in number_2
    if i % 2 == 1 and j % 2 == 1
]

print('使用断行列表解析式计算两个列表中同时为奇数的和:', sum_odd)
```

运行结果如下所示。

```
使用断行列表解析式计算两个列表中同时为奇数的和: [6, 8]
```

5.7.5　字典解析式

字典解析式也分为指定 if 条件和无条件两种模式。指定 if 条件的转换只有指定元素必须符合一定的条件，才能添加至新的字典中。这样做的目的是元素都可以按照需要进行转换。无条件转换是所有元素都可以转换为字典。

指定 if 条件的语法：

```
字典名 = {key:value for key,value in if 条件}
```

无条件的语法：

```
字典名 = {key:value for key,value in}
```

为了说明指定 if 条件的字典解析式，我们把一部分课程信息存储在字典中，字典中的 key 为课程名字，value 为课程评分。

```
# 存放课程信息，key 为课程信息，value 为课程评分
count_information = {
    'Abbyzhang': 1,
    'Abligail': 12,
    'Acy': 11,
    'Adaa': 2,
    'Adalyn': 24,
    'Adelaide': 13,
    'Afum': 10
```

```
    }

    print('课程信息字典：', count_information)
```

运行结果如下所示。

```
    课程信息字典：{'Abbyzhang': 1, 'Abligail': 12, 'Acy': 11, 'Adaa': 2,
'Adalyn': 24, 'Adelaide': 13, 'Afum': 10}
```

我们用 for 循环选出评分小于 12 的课程。

```
    # 利用 for 循环选出评分小于 12 的课程
    filter_dict = {}
    for k, v in count_information.items():
        if v < 12:
            filter_dict[k] = v

    print('使用 for 循环实现过滤：', filter_dict)
```

运行结果如下所示。

```
    使用 for 循环实现过滤：{'Abbyzhang': 1, 'Acy': 11, 'Adaa': 2, 'Afum':
10}
```

同样，我们使用复制、粘贴的方法，把上述代码变成字典解析式，步骤如下所示。

（1）复制字典 filter_dict = {}。

（2）复制 k、v 到字典中，filter_dict{k: v}。

（3）复制 for 循环语句，注意后面没有冒号，filter_dict = {k: v for k, v in count_information.items}。

（4）复制过滤条件 if，注意后面没有冒号，filter_dict = {k:v for k,v in count_information.items() if v < 12}。

下面使用有条件的字典解析式选出评分小于 12 的课程。

```
    #  使用有条件的字典解析式求评分小于 12 的课程
    filter_dict = {k:v for k,v in count_information.items() if v < 12}
    print('使字典表解析式实现过滤:', filter_dict)
```

运行结果如下所示。

```
    使字典表解析式实现过滤:{'Abbyzhang': 1, 'Acy': 11, 'Adaa': 2, 'Afum':
10}
```

为了提高可读性，我们把上面的字典解析式断行。

```
    # 为了提高可读性，我们把上面的字典解析式断行
    filter_dict = {
        k:v
```

```
    for k,v in count_information.items()
    if v < 12
}

print('断行后的字典表解析式实现过滤:', filter_dict)
```

运行结果如下所示。

```
断行后的字典表解析式实现过滤: {'Abbyzhang': 1, 'Acy': 11, 'Adaa': 2, 'Afum': 10}
```

为了解释无条件的字典解析式，我们将原来字典的键和值互换，从而创建一个新的字典。下面分别用 for 循环和字典解析式实现。

- 利用 for 循环实现。

```
name_dictionary = {'魏璎珞':300,'皇后':1000,'皇贵妃':800,'贵妃':600,'嫔':200}
print('嫔妃年薪字典:',name_dictionary)

# 互换嫔妃年薪字典的键和值，把年薪作为键
new_name_dic = {}
for key, value in name_dictionary.items():
    new_name_dic[value] = key
print('颠倒嫔妃年薪字典的键和值后：',new_name_dic)
```

运行结果如下所示。

```
嫔妃年薪字典: {'魏璎珞': 300, '皇后': 1000, '皇贵妃': 800, '贵妃': 600, '嫔': 200}
颠倒嫔妃年薪字典的键和值后：{300: '魏璎珞', 1000: '皇后', 800: '皇贵妃', 600: '贵妃', 200: '嫔'}
```

- 利用字典解析式实现。

同样，我们使用复制、粘贴的方法，把上述代码变成字典解析式，步骤如下所示。

（1）复制字典 new_name_dic={}。

（2）复制 value、key 到字典中，new_name_dic={value:key}。

（3）复制 for 循环语句，注意不要最后的冒号，new_name_dic = {value:key for key, value in name_dictionary.items()}。

```
# 使用字典解析式
new_name_dic = {value:key for key, value in name_dictionary.items()}
print('使用字典解析式颠倒嫔妃年薪字典的键和值后：',new_name_dic)
```

运行结果如下所示。

```
使用字典解析式颠倒嫔妃年薪字典的键和值后：{300: '魏璎珞', 1000: '皇后', 800: '皇贵妃', 600: '贵妃', 200: '嫔'}
```

- 可读性比较好的字典解析式。

为了提高可读性，我们把上面的字典解析式断行。

```
# 断行显示字典解析式
new_new_name_dic = {
    value:key
    for key, value in name_dictionary.items()
}
print('使用断行显示字典解析式颠倒嫔妃年薪字典的键和值后：',new_new_name_dic)
```

运行结果如下所示。

```
使用断行显示字典解析式颠倒嫔妃年薪字典的键和值后： {300: '魏璎珞', 1000: '皇后', 800: '皇贵妃', 600: '贵妃', 200: '嫔'}
```

5.8 while 循环

在 Python 中还可以使用无限循环，不需要提前指定循环次数，即 while 循环。while 循环一直执行，直到指定的条件不满足为止。

语法：

```
while 条件：
语句组 1
```

while 循环的分析如下所示。

（1）while 循环以冒号（:）结尾。

（2）while 循环的条件为各种算术表达式。

- 当 while 循环的条件为真时，语句组 1 被重复执行。
- 当 while 循环的条件为假时，停止执行语句组 1。

（3）如果循环体忘记累计，条件判断一直为真，则为死循环，循环体一直执行。死循环经常被用来构建无限循环。此时，可以接下 Ctrl+C 组合键终止或者关闭编程软件。

例子

```
# 构造计数器，记录 5 次
print('使用 while 循环构造计数器，并且记录 5 次')
count_number = 0
while count_number < 5:
    print(f'\t 当前数字是 {count_number}')
    count_number += 1
```

运行结果如下所示。

```
使用 while 循环构造计数器，并且记录 5 次
    当前数字是 0
```

```
当前数字是 1
当前数字是 2
当前数字是 3
当前数字是 4
```

5.8.1 用户输入

在 Python 中可以使用 input()函数让程序暂停工作，等待用户根据需要输入信息后继续执行。注意，需要用户输入的信息一定要给出清晰而明了的指示，否则用户不知道要输入什么。

例子

```
# 计算任意数的和，并计算出它们的平均数
sum = 0.0
count = 0
more_number = "yes"

while "y" in more_number:
    # 使用 y 判断是否继续
    number = int(input("请输入一个数字："))
    sum = sum + number
    count = count + 1
    more_number = input("还想接着输入数字吗？ (y or n)?")

print("\n 你输入的所有数字的平均数是：", sum / count)
```

运行结果如下所示。

```
请输入一个数字：1
还想接着输入数字吗？ (y or n)?y
请输入一个数字：2
还想接着输入数字吗？ (y or n)?y
请输入一个数字：3
还想接着输入数字吗？ (y or n)?n

 你输入的所有数字的平均数是： 2.0
```

5.8.2 break 与 continue 语句

break 与 continue 语句可以在循环结构中使用，例如 for 循环、while 循环。

break 语句是立即退出 while 循环，不再运行循环中余下的代码，也不管条件判断的结果是否为真。break 语句经常被用来控制程序执行流，也就是控制哪些代码可以执行，哪些代码不可以执行。

continue 语句是结束本次循环，返回到 while 循环开始的位置，接着执行条件判断。如果为真，则程序接着执行，否则退出。也就是当循环或判断执行到 continue 语句时，continue 后的语句将不再执行，即跳出当次循环，继续执行循环中的下一次循环。

两者的区别是：continue 语句跳出本次循环，只跳过本次循环中 continue 后的语句。break 语句跳出整个循环体，循环体中未执行的循环将不再执行。

例子

```
# 点名系统中一共有 100 个人。当数到 50 的时候，提示一下；当数到 60 时，停止报数
for i in range(101):
    if i == 50:
        print(f'你是第{i}名，请接着报数')
        continue
    # 如果是第 60 个人，则停止循环
    if i == 60:
        print(f'你是第{i}名，停止报数！')
        break
```

运行结果如下所示。

```
你是第 50 名，请接着报数
你是第 60 名，停止报数!
```

5.8.3 使用 while 循环操作列表和字典

列表和字典可以存储大量信息。for 循环可以遍历其每一个元素或者键值对，但是我们不建议在 for 循环时修改列表或字典的值，否则导致 Python 不能正常运行；如果在遍历列表或字典的同时修改其值，那么我们推荐使用 while 循环。

1. 使用 while 循环操作列表

例子：

```
'''
《甄嬛传》之选秀
首先创建一个秀女列表，其中魏璎珞不是参选秀女
再创建一个空的列表，用来收集已经选中的秀女
整个过程需要修改列表的元素
'''
xiu_nu = ['魏璎珞','甄嬛','安陵容','沈眉庄','夏春']
ru_xuan = []

# 使用 while 循环选择秀女，直到选择结束
# 把选中的秀女收集起来，未选中的删除
while xiu_nu:
    kaoshi_xuanyu = xiu_nu.pop()
```

```
    print(f"正在参加选秀的秀女是：{kaoshi_xuanyu}")
    if '魏璎珞' in kaoshi_xuanyu:
        print(f'\t{kaoshi_xuanyu} 不能参加本次选秀')
    else:
        print('\t 恭喜 {} 入选'.format(kaoshi_xuanyu))
        ru_xuan.append(kaoshi_xuanyu)

# 打印所有选中的秀女
print('以下是选中的秀女人员名单:')
for index in ru_xuan:
    print('\t'+index.title())
```

运行结果如下所示。

```
正在参加选秀的秀女是：夏春
    恭喜 夏春 入选
正在参加选秀的秀女是：沈眉庄
    恭喜 沈眉庄 入选
正在参加选秀的秀女是：安陵容
    恭喜 安陵容 入选
正在参加选秀的秀女是：甄嬛
    恭喜 甄嬛 入选
正在参加选秀的秀女是：魏璎珞
    魏璎珞 不能参加本次选秀
以下是选中的秀女人员名单:
    夏春
    沈眉庄
    安陵容
    甄嬛
```

2．使用 while 循环操作字典

例子：

```
'''
观众最喜欢的电视剧问卷调查
'''
# 构建空的字典，存放调查结果
favorite_television = {}

while 1:
    # 构建一个无限循环
    your_name = input("请输入你最喜欢的电视剧明星的名字：")
    favorite_televisions = input("请输入你最喜欢的他/她演过的电视剧的名
字:")
    favorite_television[your_name] = favorite_televisions
    another = input("是否还有人参与调查。如果输入 yes 则继续，否则停止：")
```

```
        if another != 'yes':
            break
    # 结束调查，打印结果
    print("观众最喜欢的电视剧问卷调查情况:")
    for key,value in favorite_television.items():
        print(f'观众最喜欢的电视明星有：{key}。观众最喜欢的他/她演过的电视剧是
{value}')
```

运行结果如下所示。

```
请输入你最喜欢的电视剧明星的名字：刘德华
请输入你最喜欢的他/她演过的电视剧的名字:鹿鼎记
是否还有人参与调查。如果输入 yes 则继续，否则停止：yes
请输入你最喜欢的电视剧明星的名字：杨幂
请输入你最喜欢的他/她演过的电视剧的名字:扶摇
是否还有人参与调查。如果输入 yes 则继续，否则停止：yes
请输入你最喜欢的电视剧明星的名字：秦岚
请输入你最喜欢的他/她演过的电视剧的名字:延禧攻略
是否还有人参与调查。如果输入 yes 则继续，否则停止：no
观众最喜欢的电视剧问卷调查情况:
观众最喜欢的电视明星有：刘德华。观众最喜欢的他/她演过的电视剧是 鹿鼎记
观众最喜欢的电视明星有：杨幂。观众最喜欢的他/她演过的电视剧是 扶摇
观众最喜欢的电视明星有：秦岚。观众最喜欢的他/她演过的电视剧是 延禧攻略
```

5.9 项目练习：运用 Python 控制结构创建通讯录

5.9.1 描述项目

请创建一个通讯录，用来保存联系人和电话号码。在通讯录中，我们可以查找某个联系人，如果找到则给出查找的联系人姓名及其电话号码，否则给出查无此人的提示。通讯录的核心功能是添加联系人及其电话号码，如果添加的联系人已存在，则无法再添加；还可以删除某一个联系人及其电话号码；如果不想使用了，则可以退出通讯录。

5.9.2 解析项目

根据项目描述，我们得到该项目共包括 4 个功能：查询联系人资料、插入新的联系人、删除已有联系人及退出通讯录程序。

为了方便用户正确使用通讯录，我们在程序开始前给出指令描述。创建名为 main_address.py 的文件。

main_address.py 文件的代码如下所示。

```
print('---欢迎使用我的通讯录---')
print('---1 查询联系人资料---')
```

```
    print('---2 插入新的联系人---')
    print('---3 删除已有联系人---')
    print('---4 退出通讯录程序---')
```

运行结果如下所示。

```
---欢迎使用我的通讯录---
---1 查询联系人资料---
---2 插入新的联系人---
---3 删除已有联系人---
---4 退出通讯录程序---
```

5.9.3　实现 4 个功能

通讯录中包括两个信息联系人和电话号码，并且二者是一一对应的关系。我们使用 Python 中字典的结构存储通讯录。第一次使用通讯录的时候，通讯录是空的，所以我们构造一个空的字典 addressDict。

```
---忽略之前的内容---
# 构建空的通讯录
addressDict = {}
```

通讯录有 4 个功能，并且可以反复执行这些功能，在此程序中我们使用 while 循环实现。while True 表示一个死循环，可以永远执行下去，直到满足才退出条件，例如遇到 break，然后使用 input()函数接受用户输入的指令信息。

```
---忽略之前的内容---
while True:
    userIput = int(input('请输入指令(1 2 3 4):'))
```

对于用户输入的信息，我们使用 if-elif-else 结构判断。如果输入的指令不正确，则提醒用户输入正确的指令；如果输入的是正确的指令，则根据不同的指令执行不同的功能。

如果用户输入的是 1，那么我们提醒用户输入查询的联系人。如果联系人的名字在通讯录中存在，那么给出对应的联系人电话，使用 if-else 和 in 运算符进行判断。

如果用户输入的是 2，那么我们提醒用户输入添加的联系人。如果添加的人名已存在，那么给出提醒；否则添加该联系人。

如果用户输入的是 3，那么我们提醒用户输入要删除的名字。如果名字不存在，则删除失败，否则删除联系人。

如果用户输入的是 4，那么感谢用户使用通讯录，并使用 break 语句退出通讯录。

```
---忽略之前的内容---
while True:
    ---忽略之前的内容---
 if userIput == 1:
```

```
        # 查找联系人
        searchName = input('请输入待查询人的名字：')
        if searchName in addressDict.keys():
            # 名字存在
            print(f"你查找的是{searchName}，电话是{addressDict [search-
Name]}")
        else:
            print('查无此人')

    elif userIput == 2:
        # 添加联系人
        addName = input("输入你要添加的人名：")

        if addName in addressDict.keys():
            # 要添加的人已存在
            print('你输入的姓名已存在')
        else:
            addNum = input('输入他的电话号码：')
            addressDict[addName] = addNum
            print('添加联系人成功！')

    elif userIput == 3:
        # 删除联系人
        delName = input('请输入你要删除的名字：')
        if delName in addressDict:
            del addressDict[delName]
            print('删除成功！')
        else:
            print('删除失败，查无此人！')

    elif userIput == 4:
        # 退出
        print("---感谢使用通讯录程序---")
        break

    else:
        print('请输入正确的指令:1 2 3 4')
```

运行结果如下所示。

```
请输入指令(1 2 3 4):1
请输入查询人的名字：刘德华
查无此人
请输入指令(1 2 3 4):3
请输入你要删除的名字：杨幂
```

```
删除失败，查无此人!
请输入指令（1 2 3 4）:2
输入你要增加的人名：刘德华
输入他的电话号码：12345678901
添加联系人成功!
请输入指令（1 2 3 4）:2
输入你要增加的人名：杨幂
输入他的电话号码：97623423241
添加联系人成功!
请输入指令（1 2 3 4）:2
输入你要增加的人名：刘德华
你输入的姓名已存在
请输入指令（1 2 3 4）:3
请输入你要删除的名字：刘德华
删除成功!
请输入指令（1 2 3 4）:3
请输入你要删除的名字：TFboys
删除失败，查无此人!
请输入指令（1 2 3 4）:1
请输入查询人的名字：刘德华
查无此人
请输入指令（1 2 3 4）:4
---感谢使用通讯录程序---
```

第 6 章

Python 函数，给你不一样的介绍

6.1 什么是函数

函数是一个独立且封闭，用于完成特定功能的代码块，可以在任何地方被调用。例如print()函数，无论你在程序中的任何地方调用都会输出（ ）中的内容。这种独立的封闭代码块又称为封装，也可以把函数理解为一个盒子。盒子里面的代码就是封装好的，可以完成特定的功能，外面的代码不属于函数。

有了封装以后，我们就可以把代码块用一个个函数表示，然后一个个地调用就可以把复杂的功能拆解，将其简单化。这个过程就是面向过程的程序设计，与之对应的是面向对象的程序设计。在面向过程的程序设计里，函数是基本单元。

在 Python 中，函数分为内建函数和用户自定义函数。内建函数是 Python 程序语言已经创建好的，可以直接使用。这一类函数有很多，我们不需要记住每一个，只要记住常用的即可。Python 官方文档（https://docs.Python.org/3/library/functions.html）给出了很多内建函数，如表 6-1 所示。

表 6-1　Python 的内建函数

abs()	delattr()	hash()	memoryview()	set()
all()	dict()	help()	min()	setattr()

续表

any()	dir()	hex()	next()	slice()
ascii()	divmod()	id()	object()	sorted()
bin()	enumerate()	input()	oct()	staticmethod()
bool()	eval()	int()	open()	str()
breakpoint()	exec()	isinstance()	ord()	sum()
bytearray()	filter()	issubclass()	pow()	super()
bytes()	float()	iter()	print()	tuple()
callable()	format()	len()	property()	type()
chr()	frozenset()	list()	range()	vars()
classmethod()	getattr()	locals()	repr()	zip()
compile()	globals()	map()	reversed()	__import__()
complex()	hasattr()	max()	round()	

用户自定义函数就是自己根据需要实现的功能设计的代码块。本节内容就是介绍如何创建属于自己的函数，完成特定的功能。

6.1.1 为什么要用函数

任何编程语言中函数的作用都是一样的，概括起来主要有以下几个作用。

1. 解决代码重复问题

在实际项目中，我们经常会遇到代码功能一样，但是参数不同的情况。也就是给定不同的参数，得出不同的结果，比如 print('你好')与 print('吃饭了吗？')的功能都是打印信息。我们不需要为“你好”“吃饭了吗”编写同样的打印功能代码，也就是实现 print()函数。只要用 print()函数就可以完成同样的任务。在代码中多次执行同一项任务时，无须反复编写该任务的代码，只要调用该任务名称的代码块，也就是函数即可完成任务。

2. 代码结构与思维结构一致

在实际生活中，解决问题的方法一般是分步骤的，比如读大学要先从小学开始读，然后读初中、高中。但是每一个阶段学的内容不同。我们只要把每一个阶段编写为一个函数，然后按照我们思考的步骤组织在一起即可。有人认为从高中开始，再到小学；也有人认为从小学到高中，这个就是思维方式的不同。在编程中，这些都是正确的，能组合在一起完成功能即可。

例子：

```
'''
    使用函数描述：考上大学之前，我们需要经历的教育阶段有
'''
# 小学
```

```
primary_school()
# 初中
junior_middle_school()
# 高中
senior_middle_school()
```

3．利于分工合作

在实际项目中，要实现的功能往往比较复杂。我们只要按照功能拆解的方法思考问题，把一个大问题，拆解为几个小问题，每一个小问题就是一个函数，然后把所有函数按照思考的过程组织在一起即可。拆解问题的事情一般是公司架构师做的，定义好每一个函数的功能及函数的接口，然后分配给不同的程序员去完成。这个就是多人协作完成一个大功能的过程。

4．代码清晰、易读、易修改

代码被函数组织起来以后，整个程序文件变得有条理、有章法。我们只需要按照函数的结构阅读代码即可，非常清晰明了。

每一个函数完成特定的功能。如果某一个函数出错了，那么我们只需要调整该函数即可，方便快捷，在代码行数比较多时能快速定位到错误所在的位置。

6.1.2 如何定义函数

在 Python 语言中，定义函数的语法是：

```
# 定义函数的语法
def funtion_name(parameter1, parameter2, ××××××):
    语句 1
    语句 2
    return ××××
```

解释如下所示。

（1）def：为关键字，告诉 Python 这是一个函数。

（2）funtion_name：函数名字。函数是完成特定功能的代码块，给这个代码块取一个名字就是函数名，通常用具有描述性的单词表示，比如 check_events()，检查事件。函数名的命名规则与变量名的一样。其中，parameter1、paramter2、××××等是函数的参数，也就是函数可以加工处理的数据。参数既可以有 0 个，也可以有多个，但是参数不能重名。所有的参数用小括号括起来，即使 0 个参数也需要括起来。

（3）冒号（:）：函数定义要以冒号结尾，注意为半角冒号，此为 Python 语法要求。

（4）语句 1、语句 2、return：函数的代码块，说明函数具体需要做什么事情，也就是需要实现什么样的功能。语句 1、语句 2 为函数的具体执行内容，语句数量不限，但是不能没有任何语句，否则代码会发生错误。return 是函数返回值，可有可无，根据自己设计的函数功能而定。

- 函数运行完成以后，如果需要返回一个值给调用该函数的地方，则使用 return。否则不需要。
- return 还表示函数的结束。尤其当代码比较多，各种 while、if、for 等都有的时候。

函数代码块必须缩进，使用 Tab 建即可实现缩进，这是 Python 语法的要求。具有同样缩进的代码块才是一个完整的代码块，没有合理缩进引发的常见错误例子如下所示。

例子：没有缩进引起的错误

```
# 定义函数语法
def funtion_name(parameter1,parameter):

语句 1
    语句 2

    return ××××
```

运行结果如下所示。

```
  File
"/Users/yoni.ma/PycharmProjects/seven_days_Python/Sixth_day/define_fun.
py", line 18
    语句 1
      ^
IndentationError: expected an indented block
```

6.1.3　如何调用函数

调用函数就是让 Python 执行函数的代码，也就是指出函数的名字。只有当函数被调用时，函数内部的代码段才会被执行。这点也是新手容易犯的错误之一：忘记调用函数就运行程序会导致得不到结果，调试此类错误时需要耐心。当函数调用结束时，这个函数内部生成的所有数据都会被销毁。根据程序设计要求，同一个函数可以被调用一次或多次。调用函数也可以用来测试函数功能是否正确，比如每次写完一个函数的功能，然后调用并运行以查看是否出错、是否为期望的结果。如果错误，则调试代码（查找哪里出错）；否则进行下一个函数的编写。此方法虽然有一点烦琐，但是可以大大缩减代码调试的工作量，因为我们把错误提前解决了。

调用函数的语法为：

```
funtion_name()
```

注意：funtion_name()前没有缩进，否则不能正确调用函数。

例子：

```
"""
```

```
    函数的例子：
    知识点：
        1 定义函数
        2 调用函数

"""


# 定义函数
def welcome_Python():
    print('欢迎加入 Python 实战圈！')


# 调用函数。为了方便代码阅读，与定义函数最好空两行。
welcome_Python()
welcome_Python()
```

运行结果如下所示。

```
欢迎加入 Python 实战圈!
欢迎加入 Python 实战圈!
```

定义、调用函数的常见错误有以下几种。

（1）函数定义中缺少冒号或者用了中文冒号。

（2）函数体没有缩进。

（3）调用函数的时候缩进了，提示函数错误。

如果 welcome_Python()缩进了，那么运行函数没有错误，但是运行结果为空。

```
def welcome_Python():
    print('欢迎加入 Python 实战圈！')

    welcome_Python()
```

运行结果如下所示。

```
Process finished with exit code 0
```

6.2 如何传递参数

函数有时候需要参数才能更加完美地处理事情。例如在 6.1 节的例子中，我们不知道具体欢迎的是谁，如果想具体欢迎某一个人，则要为该函数添加一个参数，也可以直接写在 print("欢迎 ××× 加入 Python 实战圈")函数里。参数可以替换为任何具体的信息，然后在函数体内处理，最后输出我们想要的结果。参数的具体值是在函数调用时才指定的，可以指定多个不同的值。整个过程被称为数据参数传递。

例子：

```
def welcome_Python(member_name, hope):
    # 定义带有参数的函数
    print(f'你好，{member_name}，欢迎加入 Python 实战圈')
    print(f'\t{hope}')

welcome_Python('Kim', '希望你能坚持下去。')
welcome_Python('Grace', '希望你可以找到想要的。')
```

运行结果如下所示。

```
你好，Kim ，欢迎加入 Python 实战圈
    希望你能坚持下去。
你好，Grace ，欢迎加入 Python 实战圈
    希望你可以找到想要的。
```

6.2.1　传递实参

在数据参数传递过程中，已经定义好的函数中的参数为形式参数，简称为“形参”，如member_name,hope；调用函数中的参数具体值为实际参数，简称为“实参”，如“Kim”“希望你能坚持下去。”两个参数。形参的定义规范与变量的定义规范一样，形参定义完成以后，最好不要修改，否则函数内部都需要修改。实参的值可以是任意值。

若形参的个数有多个（形参列表），那么在调用时，实参也必须有多个（实参列表），也就是形参与实参个数要保持一致。在 Python 中，函数把实参列表传递给形参列表的方法有以下几种。

1．位置实参

位置实参基于参数的位置，实参与形参的顺序必须相同。每一个实参都关联到函数定义中的一个形参。如果位置顺序不对，则结果可能大不一样。位置实参的位置很重要，如果实参的位置和形参相反，那么虽然代码可以运行，但是意思却错误了。也就是语法正确，语义有问题。

例子：

```
# 颠倒实参顺序
print('颠倒实参顺序,结果完全不同 ')
welcome_Python('希望你能坚持下去。','Kim')
welcome_Python('希望你可以找到想要的。','Grace')
```

运行结果如下所示。

```
颠倒实参顺序,结果完全不同
你好，希望你能坚持下去。 ,欢迎加入 Python 实战圈
    Kim
你好，希望你可以找到想要的。 ,欢迎加入 Python 实战圈
```

```
    Grace
```

上面的例子中使用的是用户自定义的函数。Python 内建函数也是如此，必须注意参数的顺序。举个例子，map(function, list)函数接收两个实际参数，一个是函数的名字，另一个是列表名字，目的是把列表中的每一个元素都调用 function()函数进行处理，并且返回一个新的列表。如果顺序错误，那么函数作用在列表上会出错。注意，一个新语法点是函数作为参数传递给其他函数，它是后面的内容。若不理解该部分内容，可以先跳过。

```
    number = [2, 5, 7, 8]


    # 定义函数：求数字加上 19 的和
    def sum_list(s):
        sum_l = s + 19

        return sum_l


    print('原来的数字是:',number)
    # 调用 map ()函数
    print('所有数字加上 10 以后得到的值是：', list(map(sum_list, number)))

    # 顺序错误，则程序出错：'function' object is not iterable
    print('所有数字加上 10 以后得到的值是：', list(map(number, sum_list)))
```

运行结果如下所示。

```
    原来的数字是: [2, 5, 7, 8]
    所有数字加上 10 以后得到的值是： [21, 24, 26, 27]
    Traceback (most recent call last):
      File    "/Users/seven_days_Python/Forth_day_strcure/list_p.py",
line 278, in <module>
        print('所有数字加上 10 以后得到的值是：', list(map(number,
sum_list)))
    TypeError: 'function' object is not iterable
```

2. 关键字实参

关键字实参是由变量名与值组成的，并且不用考虑函数形参的顺序。调用形式：形参名字="值"。

- 优点：无须考虑形参的顺序。
- 缺点：形参的名字一定要正确。

例子：

```
    # 关键字实参
    welcome_Python(hope= '希望你能坚持下去。', member_name='Kim')
    welcome_Python(member_name='Grace', hope='希望你可以找到想要的。')
```

运行结果如下所示。

```
你好，Kim ，欢迎加入 Python 实战圈
    希望你能坚持下去。
你好，Grace ，欢迎加入 Python 实战圈
    希望你可以找到想要的。
```

3. 默认值

根据项目需要，如果希望形参的值固定不变，那么我们可以在定义函数时为其指定默认值。如果希望每一个加入 Python 实战圈的人都可以坚持下去，那么我们可以为形参 hope 指定默认值。在调用函数时，我们可以忽略该形参。但是如果我们希望修改该默认值，那么只需要为其指定值。

例子：

```
def welcome_Python(member_name,hope='希望你能坚持下去'):
    # 定义带有默认值参数的函数
    print(f'你好，{member_name} ，欢迎加入 Python 实战圈')
    print(f'\t{hope}')
# 修改默认值
welcome_Python('Kim','希望你能坚持下去。')
# 使用默认值
welcome_Python('Kim')
welcome_Python('Grace','希望你可以找到想要的。')
welcome_Python('None')
```

运行结果如下所示。

```
你好，Kim ，欢迎加入 Python 实战圈
    希望你能坚持下去。
你好，Kim ，欢迎加入 Python 实战圈
    希望你能坚持下去
你好，Grace ，欢迎加入 Python 实战圈
    希望你可以找到想要的。
你好，None ，欢迎加入 Python 实战圈
    希望你能坚持下去
```

4. 任意数量的实参

有时候，我们不知道需要传递多少个实参，因此也无法确定需要多少个形参。此时，我们可以使用任意数量的实参。Python 在定义函数中通过使用*来实现接受任意多个形参。其实，*是让程序创建一个空元组，可以接受任意数量的参数值。

例子：

```
def welcome_Python(*member_names,hope='希望你能坚持下去'):
    # 任意多个参数的函数
    for member_name in member_names:
```

```
        print(f'你好，{member_name}， 欢迎加入 Python 实战圈')
        print(f'\t{hope}')


welcome_Python('Kim','Grace','Nelson Lam','None')
```

运行结果如下所示。

```
你好，Kim， 欢迎加入 Python 实战圈
    希望你能坚持下去
你好，Grace， 欢迎加入 Python 实战圈
    希望你能坚持下去
你好，Nelson Lam， 欢迎加入 Python 实战圈
    希望你能坚持下去
你好，None， 欢迎加入 Python 实战圈
    希望你能坚持下去
```

6.2.2 传递数据结构

1. 传递列表

列表可以作为函数的参数，函数可以直接访问列表中的元素。

例子：

```
def welcome_Python(member_names,hope='希望你能坚持下去'):
    # 列表作为参数的函数
    for member_name in member_names:
        print(f'你好，{member_name}， 欢迎加入 Python 实战圈')
        print(f'\t{hope}')

list_name =['Kim','Grace','Nelson Lam','None']
welcome_Python(list_name)
```

运行结果如下所示。

```
你好，Kim， 欢迎加入 Python 实战圈
    希望你能坚持下去
你好，Grace， 欢迎加入 Python 实战圈
    希望你能坚持下去
你好，Nelson Lam， 欢迎加入 Python 实战圈
    希望你能坚持下去
你好，None， 欢迎加入 Python 实战圈
    希望你能坚持下去
```

2. 传递字典

在 Python 中，在函数中传递字典可以使用**作为形参接收实参传递的键值对。

注意：在形参列表中，*表示传递空元组、**表示传递字典。

例子：

```
def employee(first_name, last_name, **employee_infor):
    ''' 传递字典：存储员工信息'''
    employee = {}
    employee['first_name'] = first_name
    employee['last_name'] = last_name

    # 使用 for 循环存储所有的员工信息
    for key, value in employee_infor.items():
        employee[key] = value

    return employee

my_employee = employee("德华", "刘", location = '香港', dep = '大数据')
print('员工信息如下：')
for key, value in my_employee.items():
    print('\t'+key+":"+value+'\n')
```

运行结果如下所示。

```
员工信息如下：
    first_name:德华

    last_name:刘

    location:香港

    dep:大数据
```

6.3 返回值

6.3.1 return 语句

当函数根据我们的指令完成一件事情以后，它需要给我们一个反馈。这个反馈就是返回值。在 Python 函数中，我们使用 return 语句返回需要的内容。也就是函数运行完成以后，如果需要给调用该函数的地方返回一个值，则使用 return 语句返回。函数返回值的类型可以是基本数据类型，也可以是字典、列表等。

语法：

```
return ×××××
```

注意：×××××为函数需要返回的内容，可以是一个变量，也可以是一个表达式。

- 返回变量值。

```
def sum_add (para, para2):
    """
        求两个参数的和"
    :param para:
    :param para2:
    :return:
    """

    add_sum = para + para2
    return add_sum


# 调用函数
return_sum = sum_add(18, 31)
print("使用函数返回值求两个参数的和: ", return_sum)
```

运行结果如下所示。

```
使用函数返回值求两个参数的和:  49
```

- 返回一个表达式的值。

有时候，根据项目需要，也可以返回一个表达式。把上面的例子修改为返回一个表达式。

```
def sum_add (para, para2):
    """
        求两个参数的和
    :param para:
    :param para2:
    :return:
    """

    return para + para2
    # return add_sum


# 调用函数
return_sum = sum_add(18, 31)
print("使用表达式返回值求两个参数的和: ", return_sum)
```

运行结果如下所示。

```
使用表达式返回值求两个参数的和:  49
```

返回值的另外一个作用是让主程序变得简单，把大部分处理工作交给函数。例如加入

Python 实战圈的有外国人，名字分为 last name、first name 两部分，那么在欢迎加入 Python 实战圈的语句中，名字的处理可以使用函数解决。

例子：

```
def full_name (first_name,last_name):
    # 带有返回值的函数
    person = first_name + ' ' + last_name
    return person.title()


name = full_name('Nelson','lam')

# 注意 welcome_Python 为前面内容中的函数
welcome_Python(name)
```

运行结果如下所示。

```
你好，Nelson Lam ，欢迎加入 Python 实战圈
    希望你能坚持下去
```

- 空返回值。

函数中有 return 返回值才是完整的函数，即 return 语句后面必须有内容。如果函数使用了 return 语句，但是后面没有跟任何返回对象，则该函数返回的是一个 None 对像，None 表示没有任何值。

```
def fun():
    # 返回空值
    return


# 调用函数
data_return = fun()
print('返回空值:', data_return)
```

运行结果如下所示。

```
返回空值: None
```

6.3.2　返回多个值

在数据分析或其他领域中，我们经常需要让函数返回多个值，下面给出两种方法实现。

1. 返回元组对象

我们直接在 return 语句后面跟上多个返回的内容。当调用该函数时，得到的是一个元组对象，也就是<class 'tuple'>。我们知道多个变量可以同时接收一个元组，并且按照位置赋予对应的值，这样就实现了函数返回多个值。

```
    '''
        第一种方法：返回元组对象
        函数返回值是一个元组！
        但是，在语法上，返回一个元组可以省略括号，而多个变量可以同时接收一个元组，
按位置赋予对应的值
        所以，Python 的函数返回多个值其实就是返回一个元组，但写起来更方便。
    '''
    print()


    def return_more_date():
        """
            函数返回多个值，实质上返回的是一个元组
        :return: store_1, store_2, store_3
        """

        store_1 = 200
        store_2 = 300
        store_3 = 320

        # 返回多个值
        return store_1, store_2, store_3


    # 函数返回一个元组对象
    store = return_more_date()
    print('函数返回多个值是一个元组对象', type(store))
    print('函数返回的值是', store)

    # 再使用元组拆分法拆为多个结果变量
    store_1, store_2, store_3 = store
    print('拆分元组为多个变量，第一个是 store_1 = ', store_1)
    print('拆分元组为多个变量，第二个是 store_2 = ', store_2)
    print('拆分元组为多个变量，第三个是 store_3 = ', store_3)
```

运行结果如下所示。

```
函数返回多个值是一个元组对象 <class 'tuple'>
函数返回的值是 (200, 300, 320)
拆分元组为多个变量，第一个是 store_1 =  200
拆分元组为多个变量，第二个是 store_2 =  300
拆分元组为多个变量，第三个是 store_3 =  320
```

当函数有多个返回值时，我们可以使用元组拆包的方法只保留其中一个或者几个值。

```
# 只保留第一个返回值

store_1, *_ = store
```

```
print('只保留第一个返回值', store_1)

# 只保留最后一个返回值
_, _, store_3 = store
print('只保留最后一个返回值',store_3)
```

2. 返回字典

我们可以在 return 后面构建字典，然后给调用函数的地方返回。我们通过函数返回值得到的其实是字典，也就是类型<class 'dict'>。最后，我们使用访问字典的方法得到多个返回值。

```
def return_more_date():
    """
        函数返回多个值
    :return:
    """

    store_1 = 200
    store_2 = 300
    store_3 = 320

    # 返回多个值
    return          {'store_1':store_1,          'store_2':store_2,
'store_3':store_3}


# 函数返回一个元组对象
store = return_more_date()

print('函数返回多个值是一个字典对象', type(store))
print('函数返回的值是', store)

# 使用字典的访问方法取得每一个值
for key, value in  store.items():
    print(f'{key} = {value}')
```

运行结果如下所示。

```
函数返回多个值是一个字典对象 <class 'dict'>
函数返回的值是 {'store_1': 200, 'store_2': 300, 'store_3': 320}
store_1 = 200
store_2 = 300
store_3 = 320
```

6.4 函数是对象

6.4.1 第一类对象

Python 语言是面向对象的语言，一切皆对象，函数自然也是对象，并且是第一类对象。第一类对象是 Python 函数的一大特性。在百度百科中，第一类对象（First Class Object）在计算机科学中指可以在执行期创造并作为参数传递给其他函数或存入一个变数的实体。将一个实体变为第一类对象的过程叫物件化（Reification）。这意味着，函数和其他对象一样，如整数、字符串、列表等，可以赋值给变量，可以在函数中定义另一个函数，可以作为参数传递给其他函数，可以作为返回值等。这些就是第一类对象所有的特性。

函数拥有对象模型的三个通用属性：唯一标识对象 id、标识对象的类型 type，以及对象的值 value。本节内容为进阶内容，如有不理解的地方，请通过微信公众号（data_circle）与笔者交流。

```
def welcome():
    """
        定义函数
    :return:
    """
    print('Hello, Python!')


# 调用函数
welcome()

print(id(welcome))
print(type(welcome))
print(welcome)
```

运行结果如下所示。

```
Hello, Python!
4365725480
<class 'function'>
<function welcome at 0x10437af28>
```

6.4.2 函数赋值给变量

函数作为第一类对象，可以赋值给其他变量。赋值给变量时，函数并不会被调用，仅仅在函数对象上绑定一个新的名字而已。

注意：调用函数必须有括号。

语法：

```
变量名 = 函数名
```

函数可以赋值给多个变量。这些变量最终指向的都是同一个函数对象。因此，我们也可以通过赋值后的变量调用原来的函数。在 Python 中，每个对象都有指向该对象的引用总数，即引用计数（Reference Count）。每一次赋值都会增加一次引用计数。当把函数赋值给多个变量的时候，该函数的对象的引用计数会不断增加。当然 Python 中的某个对象的引用计数也可以减少，当引用计数降为 0 时，则说明没有任何引用指向该对象，该对象将成为要回收的垃圾。我们可以手动清理垃圾，也可以让 Python 自动回收。

首先，调用函数给变量 welcome_4 赋值。由于 welcome()函数没有 return 语句，因此返回的是 None。通过查看 welcome_4 的类型，我们发现 welcome_4 不是函数。然后，把 welcome()函数赋值给 3 个变量。通过 id()函数，我们看到它们都执行同一个地址，但是 welcome_4 不是同一个，因为返回的不是函数。我们使用 type()函数查看 welcome_2 的类型为函数，与其他变量一样。通过 is 运算符查看这些变量是否为同一个对象。最后删除该函数，通过变量也可以调用，并输出同样的结果。

```
# 函数调用
welcome_4 = welcome()
print('welcome_4 为 welcome 的返回值', welcome_4)
print('welcome_4 的类型是', type(welcome_4))


# 函数赋值给多个变量，后面没有括号
welcome_1 = welcome
welcome_2 = welcome
welcome_3 = welcome
print(id(welcome_1))
print(id(welcome_2))
print(id(welcome_3))
print(id(welcome_4))

print('welcome_2 的类型是：', type(welcome_2))

print('通过 is 判断三个变量是否引用同一个对象：', welcome_1 is welcome_2
is welcome_3)
print('welcome1_4 是否和 welcome_1 为同一个对象', welcome_4 is
welcome_1)

# 删除原来的函数
del welcome
# 此行语句出错，(name 'welcome' is not defined)
print('不能调用', welcome())
```

```
# 请屏蔽上面的语句，再执行下面的 3 条语句
# 通过变量调用原来的函数
welcome_1()
welcome_2()
welcome_3()
```

运行结果如下所示。

```
Hello, Python!
welcome_4 为 welcome 的返回值 None
welcome_4 的类型是 <class 'NoneType'>
4358156072
4358156072
4358156072
4356659480
welcome_2 的类型是： <class 'function'>
通过 is 判断三个变量是否引用同一个对象： True
welcome1_4 是否和 welcome_1 为同一个对象 False
Hello, Python!
Hello, Python!
Hello, Python!
```

6.4.3 嵌套函数

嵌套函数是在函数中定义另外一个函数。在函数里面的函数被称为内层函数、闭包函数或者嵌套函数，外面的函数被称为外层函数。

语法：

```
def fun_1 (var1, var2, ×××):
    语句组 1
    def fun_2(var,var):
        语句组 2

    # 调用封闭函数
    fun_2(var1, var2)
    语句组 3
```

嵌套函数的例子如下所示。

```
def outer_fun(number):
"""
        定义外层函数
    :param number:
    :return:
```

```
    """
    # 错误判断
    if number < 0:
   # raise 语句主动触发异常
        raise TypeError('请输入正整数！')

    def inner_fun(num):

        """
            定义内层函数
        :param num:
        :return:
        """
        return num * 4

    # 调用封闭函数
    n_4 = inner_fun(number)
    print(f'{number}的 4 倍是：{n_4}')

# 调用外层函数
outer_fun(5)
```

运行结果如下所示。

```
5 的 4 倍是：20
```

内层函数只能在外层函数里调用，不可以在外层函数外调用，否则会出错。这就是把内层函数封装起来，不受函数外部变化的影响。

```
# 试着在外层函数外调用内层函数
inner_fun(5)
```

运行结果如下所示。

```
NameError: name 'inner_fun' is not defined
```

我们还可以在外层函数里、内层函数外对参数进行检查。如果符合条件则接着执行，否则给出错误提示。对于上面的例子，如果给出的数字是负数，则使用 raise 语句主动触发异常，并且给出错误提示。一旦执行了 raise 语句，之后的语句代码将不再执行。这样可以保护内层函数的逻辑正确，并且使得其更简洁。

```
# 测试负数情况，函数抛出异常
outer_fun(-5)
```

运行结果如下所示。

```
Traceback (most recent call last):
  File
```

```
"/Users/PycharmProjects/seven_days_Python/Sixth_day/err_ep.py", line 
49, in <module>
      outer_fun(-5)
    File 
"/Users/PycharmProjects/seven_days_Python/Sixth_day/err_ep.py", line 
30, in outer_fun
      raise TypeError('请输入正整数！')
  TypeError: 请输入正整数!
```

6.4.4 函数作为参数

函数是对象，可以像变量一样作为参数传递给其他函数。比如我们定义一个 welcome()函数实现输出“Hello, Python!”，然后把它的名字作为实参传递给函数 hope()，进而使得函数 hope()具有更加丰富的功能。注意：函数作为参数传递时不需要括号。这样设计的优点是可以简化被传入函数的逻辑，使其功能更强大，并且易于维护。如果想把输出的内容改为“你好，Python!”，则只需要简单的修改作为参数的函数即可。

```
def welcome():
    print('Hello, Python!')


def hope(fun):
    """
        函数当作参数传递
    :param fun:
    :return:
    """
    fun()
    print('希望我能坚持学习下去！')


# 调用函数
hope(welcome)
```

运行结果如下所示。

```
Hello, Python!
希望我能坚持学习下去!
```

例如，我们可以在一个函数中求四则运算。只需要分别定义 4 个四则运算函数，然后将它们分别作为参数传递给一个函数即可。

```
def add(var1, var2):
    """
        求两个数的和
```

```
    :param var1:
    :param var2:
    :return:
    """
    print(f'求 {var1} 与 {var2} 的和')
    return var1 + var2


def subtract(var1, var2):
    """
        求两个数的差
    :param var1:
    :param var2:
    :return:
    """
    print(f'求 {var1} 与 {var2} 的差')
    return var1 - var2


def multiplication(var1, var2):
    """
        求两个数的积
    :param var1:
    :param var2:
    :return:
    """
    print(f'求 {var1} 与 {var2} 的积')
    return var1 * var2


def division(var1, var2):
    """
        求两个数的商
    :param var1:
    :param var2:
    :return:
    """
    if var2 < 0:
        # 判断变量是否满足条件
        raise TypeError('请输入正整数')
```

```
    print(f'求 {var1} 与 {var2} 的商')
    return var1 / var2


def arithmetic(op, op1, op2):
    """
        在一个函数中实现四则运算
     :param op:
     :param op1:
     :param op2:
     :return:
    """

    # 调用作为参数的函数 op()，并且把另外两个参数(op1, op2)作为其参数
    result = op(op1, op2)
    # 返回结果
    return result


###############################
#
# 调用四则运算函数实现加、减、乘、除
# 只需要把相应的函数名字作为实参即可
# 加'\t'是为了输出好看，可以不添加
#
################################


# 加
print('\t', arithmetic(add, 300, 50))
# 减
print('\t', arithmetic(subtract, 300, 50))
# 乘
print('\t', arithmetic(multiplication, 300, 50))
# 除
print('\t', arithmetic(division, 300, 50))
```

运行结果如下所示。

```
求 300 与 50 的和
   350
求 300 与 50 的差
   250
```

```
求 300 与 50 的积
   15000
求 300 与 50 的商
   6.0
```

6.4.5　将函数放在容器中

容器对象（列表、字典等）中可以存放任何对象，例如整数、字符串等。函数作为对象也可以放在容器中。无论是自定义函数，还是内建函数都可以放入列表中。

我们把上面的四则运算函数都放入列表 funcs 中。通过 type()查看列表中元素数据的类型，得到<class 'function'>，表明列表中存放的是函数。然后，我们就可以使用列表索引访问某一个元素，进而实现对对应函数的调用。最后，我们使用 for 循环依次访问列表中的元素，进而实现对数字 300 和 50 的四则运算。

例子：把四则运算函数放入列表中

```
print('把四则运算函数放在列表中')

# 把四则运算函数放在列表中
funcs = [add, subtract, multiplication, division]
print('查看最后一个元素的类型', type(funcs[-1]))


print('使用列表的索引定位调用想要执行的函数')
# 使用列表的索引定位调用想要执行的函数
funcs[0](300, 50)

print('------------------------')
print("使用 for 循环求四则运算")
# 使用 for 循环依次调用四则运算函数
for f in funcs:
    print(f(300, 50))
```

运行结果如下所示。

```
把四则运算函数放在列表中
查看最后一个元素的类型 <class 'function'>
使用列表的索引定位调用想要执行的函数
求 300 与 50 的和
------------------------
使用 for 循环求四则运算
求 300 与 50 的和
350
求 300 与 50 的差
250
```

```
求 300 与 50 的积
15000
求 300 与 50 的商
6.0
```

如果我们计划对多个数字进行四则运算，那是不是需要写多个 for 循环来实现呢？为了更加高效和方便，我们可以把多个数字放入字典或者文件中。此处，我们放入字典中。然后定义一个函数 do_func 来实现对所有数字的四则运算。它接收两个参数：第一个是数据集 data，第二个是存放函数的列表 ops。在函数里，我们只需要使用双层循环即可实现四则运算。第一层循环依次取得数据，然后在第二层循环中依次执行四则运算。最后，在调用该函数的时候，把 data 和 funcs 作为实参传入。

这样设计的优点有两个。

一是，函数 do_func()具有更强的复用性和通用性，无论传入什么数据都可以执行统一的功能，即进行四则运算。二是，易于扩展。如果要对数据集执行更多操作，那么只要在列表 func 中添加即可，不需要修改函数 do_func。

```
# 数据集
data = {'300': 50,
        '400': 20,
        '700': 70
        }

print('使用函数求多个数的四则运算')


def do_func(data, ops):
    """
        求 data 的四则运算
    :param data:
    :param ops:
    :return:
    """
    print('求下列数字的四则运算', data)
    for key, value in data.items():
        for fun in ops:
            print(fun(int(key),value))
        print()


# 调用函数

do_func(data, funcs)
```

运行结果如下所示。

```
使用函数求多个数的四则运算
求下列数字的四则运算 {'300': 50, '400': 20, '700': 70}
求 300 与 50 的和
350
求 300 与 50 的差
250
求 300 与 50 的积
15000
求 300 与 50 的商
6.0

求 400 与 20 的和
420
求 400 与 20 的差
380
求 400 与 20 的积
8000
求 400 与 20 的商
20.0

求 700 与 70 的和
770
求 700 与 70 的差
630
求 700 与 70 的积
49000
求 700 与 70 的商
10.0
```

6.4.6　函数作为返回值

通过上面的内容，我们了解到函数是对象。它可以作为返回值赋值给一个变量。注意：作为返回值时，函数名后面没有括号，否则就是函数调用了。

首先，我们定义一个函数 hope_welcome()实现笔者对大家的祝福（希望我能坚持学习下去！），并且带有一个默认参数值。然后，我们定义两个内层函数，welcome()和 hope()实现对大家的祝福。最后，我们使用 if-elif-else 结构判断执行哪个祝福函数，其中 wish 的值是 func 时，我们故意执行函数调用，而非函数返回。

1. 定义函数

```
def hope_welcome(wish='hope'):
    """
        函数作为返回值
    :param wish:
```

```
    :return:
    """

    def welcome():
        return 'Hello, Python!'

# 祝福函数
    def hope():
        return '希望我能坚持学习下去！'

    # 注意 return 后面的函数没有()，否则就是返回执行函数后的结果
    if wish == 'hope':
        # 函数作为返回值
        return hope
    elif wish == 'func':
        # 执行函数 hope()的结果为返回值
        return hope()
    else:
        # 函数作为返回值，没有()
        return welcome
```

我们开始使用上面的函数。首先，调用 hope_welcome()函数，并且把返回的值给变量 grace。注意：是调用函数，而不是函数赋值给变量，也就是说函数名后面有括号。通过 type()函数，我们发现该函数返回的是<class 'function'>，并且 grace 代表的是 hope_welcome()中的 hope()函数，因为 hope_welcome()函数有默认值 hope。如果我们用函数名赋值给变量 grace，则 grace 代表的是 hope_welcome()本身。当我们调用 grace()函数的时候，就可以得到 hope()函数中的值了。

2. 函数作为返回值

```
##################
#
# 函数返回的是函数，然后赋值给一个变量
# 调用 hope_welcome()函数，并把返回值给变量 grace，此处返回值为函数
#
##################


# 注意它与 grace = hope_welcome 的区别
grace = hope_welcome()
# 查看 grace 的类型
print('grace 的类型是:', type(grace))
'''
    查看 grace 代表的函数是 hope_welcome 中的 hope，因为有默认值参数
        如果 grace = hope_welcome，则 grace 代表的是 hope_welcome
```

```
        函数 <function hope_welcome at 0x111b659d8>
    '''

    print('grace 代表的函数是', grace)
    # 调用 grace 函数，也就是执行 hope 函数
    print('调用 grace 函数输出的是：', grace())
```

运行结果如下所示。

```
    grace 的类型是：<class 'function'>
    grace 代表的函数是 <function hope_welcome.<locals>.hope at 0x10def4950>
    调用 grace 函数输出的是：希望我能坚持学习下去!
```

3. 未返回函数

然后，我们使用实参 func 替换 hope_welcome()中的默认值参数，并且把该函数的返回值赋值给变量 func_test。通过 type()函数，我们知道 func_test 的类型不再是函数，而是<class 'str'>。因为当参数为 func 时，我们在函数 hope_welcome()中返回的是 hope()函数执行以后的内容，而不是返回 hope()函数本身。我们输出 func_test 的内容就是 hope()函数执行后的内容。

```
    # 替换函数的默认值
    func_test = hope_welcome('func')
    # 查看类型，此时应该是变量，而不是函数，因为返回的是 hope()函数执行后的结果
    print('func_test 的类型是：', type(func_test))
    print('func_test 的内容是:',func_test)
```

4. 其他情况

最后，我们给出非 hope、非 func 作为实参的情况。给 hope_welcome()函数传入任何实参，例如 welcome，并把调用该函数后的返回值赋值给变量 other_str。通过 type()函数，我们知道 other_str 的类型是函数，代表 hope_welcome()函数中的 welcome()函数。接着，我们使用 print()函数打印出 other_str()的内容：Hello, Python!

```
    # 测试其他的值，非 hope、非 func 的情况
    other_str = hope_welcome('welcome')
    # 类型是函数
    print('other_str 的类型是:', type(other_str))
    # 调用函数
    print('调用函数 other_str 后的结果为:',other_str())
```

运行结果如下所示。

```
    func_test 的类型是：<class 'str'>
    func_test 的内容是：希望我能坚持学习下去!
    other_str 的类型是：<class 'function'>
    调用函数 other_str 后的结果为：Hello, Python!
```

6.5 盒子的秘密

6.5.1 LEGB 作用域

函数可以被看作一个盒子，盒子分为盒子外和盒子内。盒子内就是函数的内容，被称为私有的，内部的资源只能被自己使用。盒子内部的区域被称为局部作用域（Local），盒子外就是函数之前或之后的内容，被称为外部内容，这部分区域被称为全局作用域（Global）。作用域是程序运行时变量可访问的范围。一般情况下，函数不能直接使用外部内容，只能通过参数传递的方法使用。盒子内与外的变量名字可以相同或者不同，互不冲突。函数的 return 可以看作是内部和外部沟通的桥梁。

如果盒子中嵌套了一个盒子，也就是嵌套函数，则里面盒子的区域为局部作用域；而里面盒子之外、外层盒子之内的区域为闭包函数（内层函数）外的区域（Enclosed）。另外，Python 在启动时会自动载入很多内建的函数，例如，int()、list()、dict()、print()等。这也是函数在没有导入任何模块时就可以使用丰富的函数和功能的原因。这部分区域为内建作用域（Built-in）。

以上的 4 个区域被称为 LEGB（Local Enclosed Global Built-in）作用域，如图 6-1 所示。

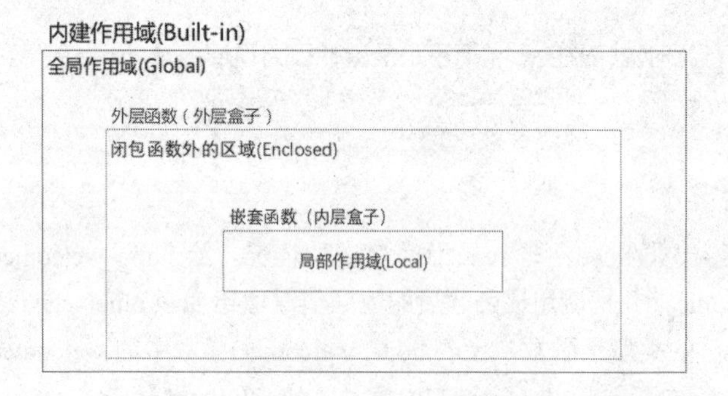

图 6-1　LEGB 作用域

在 Python 中，程序中的变量不是在任何位置都可以被访问的，访问权限取决于该变量在哪里赋值，也就是 LEGB 中的哪一个区域。根据 LEGB 规则，搜索顺序为 Local→Enclosed→Global→Built-in。如果变量在局部作用域里没有找到，则会在闭包函数外的区域搜索；若也没找到，Python 就会到全局作用域中查找；若还没有，则会在内建作用域中搜索。

```
# 内建作用域
count = int(100)
print('内建函数中的 count = ', count)
# 全局作用域
```

```
count = 10
# print('全局作用域中的 count = ', count)


# 定义函数中包括另外一个函数
def fun_outer():
    # fun_outer()函数里面的函数 inner()之外的变量
    count = 5
    print('闭包作用域中的 count = ', count)

    # 定义内层函数
    def inner():
        # 局部作用域

        count = 2
        print('局部作用域中的 count = ', count)

    inner()


# 调用函数
fun_outer()
print('全局作用域中的 count = ', count)
```

运行结果如下所示。

```
内建函数中的 count =  100
闭包作用域中的 count =  5
局部作用域中的 count =  2
全局作用域中的 count =  10
```

根据 LEGB 规则，如果变量在局部作用域中，那么它被称为局部变量，也就是定义在函数内部并且作用域为整个函数的变量；如果变量在全局作用域，那么它被称为全局变量，作用域为整个文件。

例子：

```
# 这是全局变量
add_sum = 3
def sum_add (para, para2):
# 求两个参数的和
# add_sum 在这里是局部变量
    add_sum = para + para2
    print("函数内部变量 add_sum =  ",add_sum)
    return add_sum
```

```
# 调用 sum_add()函数
ad_sum = sum_add(18,31)
print('18 + 31 = ',ad_sum)
print("函数外面是全局变量 : add_sum = ",add_sum)
```

运行结果如下所示。

```
函数内部变量 add_sum =   49
18 + 31 =  49
函数外面是全局变量 : add_sum =  3
```

在上面的例子中，当我们调用函数 sum_add()时，首先会在该函数的局部作用域中查找 add_sum，因为它已经在局部区域定义，因此它在局部区域所赋的值会被打印出来，也就是 49。但是这不会影响全局作用域中的 add_sum，因此函数外面的变量 add_sum 是原来的 3。

6.5.2 关键字 global

若想在函数中修改全局变量，可以使用关键字 global 实现。该语法点在面试中经常被问到，并且一般用来存储系统中的某些状态。如果你的程序中使用了很多关键字 global 修改全局变量，则可以使用其他方法解决，如内容类。但是在实际项目中，我们很少这样使用，因为这样容易造成混乱，或者导致出现很难调试的错误。如果想要修改全局变量，则建议把它作为一个实参传入，然后重新指定返回值。

```
# 这是全局变量
add_sum = 3
print('原来的全局变量值是: add_sum = ', add_sum)


def sum_add (para, para2):
    '''
        求两个参数的和
    :param para:
    :param para2:
    :return:
    '''

    # add_sum 在这里是局部变量
    # 需要使用关键字 global 修改变量 add_sum 的值，而不是新创建一个变量
    global add_sum
    add_sum = para + para2
    print("函数内部变量 add_sum =  ",add_sum)

    # return add_sum
```

```
# 调用 sum_add()函数

sum_add(18, 31)
print("使用 global 修改全局变量后的值是 : add_sum = ",add_sum)
```

运行结果如下所示。

```
原来的全局变量值是: add_sum =  3
函数内部变量 add_sum =   49
使用 global 修改全局变量后的值是 : add_sum =  49
```

上述代码中，我们首先定义全局变量 add_sum，然后调用函数 sum_add()。在该函数内部使用 global 关键字告诉 Python 在该函数内部使用全局变量 add_sum，而不是在本地作用域中新建一个变量，进而修改了全局变量的值。最后，输出全局变量的值是 49，而不是 3。

但是，如果函数内部没有使用 global 关键字，直接修改全局变量的值则会报错，因为函数不能直接使用外部的资源。错误例子如下所示。

```
# 定义全局变量
count = 3


def fun_count ( ):

    # 试图修改全局变量的值
    count = count + 1
    print(count)

# 调用函数
fun_count()
```

运行结果如下所示。

```
/usr/local/bin/Python3
/Users/yoni.ma/PycharmProjects/seven_days_Python/Sixth_day/err_ep.py
Traceback (most recent call last):
  File
"/Users/PycharmProjects/seven_days_Python/Sixth_day/err_ep.py", line
14, in <module>
    fun_count()
  File
"/Users/PycharmProjects/seven_days_Python/Sixth_day/err_ep.py", line
10, in fun_count
    count = count + 1
UnboundLocalError: local variable 'count' referenced before
assignment
```

根据上面的 Traceback 信息可知，错误为局部作用域引用错误，因为 fun_count()函数中的 count 使用的是局部、未定义、无法修改的，也就是说，编写该代码时要想修改全局变量的值，就必须添加关键字 global。

1. 添加关键字 global

```
# 定义全局变量
count = 3


def fun_count ( ):

    # 添加关键字 global 修改全局变量的值
    global count
    count = count + 1
    print('添加关键字 global 以后 count = ',count)


# 调用函数
fun_count()
```

运行结果如下所示。

```
添加关键字 global 以后 count =  4
```

除了使用关键字 global，还可以使用传递参数的方法修改全局变量，然后使用 return 返回。

2. 通过传递参数的方法修改全局变量

```
# 定义全局变量
count = 3


def fun_count (var_count):

    # 添加关键字 global 修改全局变量的值
    var_count = var_count + 1
    print('var_count = ',var_count)
    return var_count


# 调用函数
print('通过传递参数的方法修改全局变量', fun_count(count))
```

运行结果如下所示。

```
var_count =  4
```

```
通过传递参数的方法修改全局变量 4
```

关键字 global 还有另外一个用法：在函数内直接定义一个 global 变量。使用关键字 global 定义的变量，表明其作用域在局部以外，即局部函数执行完之后，不销毁函数内部以 global 定义的变量。我们可以在函数外部直接访问该变量。

3. 在函数内使用关键字 global

```
# 关键字global定义的变量，表明其作用域在局部以外，即局部函数执行完之后，不销毁
函数内部以#global定义的变量
def add_a():
    global a
    a = 3


add_a()
print('调用add_a以后，我们可以使用 global 定义的变量。')
print('局部函数执行完之后，不销毁函数内部以global定义的变量：a= ', a)
```

运行结果如下所示。

```
调用add_a以后，我们可以使用 global 定义的变量。
局部函数执行完之后，不销毁函数内部以global定义的变量：a=  3
```

6.5.3 关键字 nonlocal

求两个数字的和。

1. 未使用关键字 nonlocal

首先，定义一个外层函数 sum_add()，并且接收两个参数 para 与 para2。在 sum_add() 函数内，我们定义变量 add_sum 来存放两个参数的和，并赋初始值为 0。然后，定义嵌套函数 inner_sum()。该函数内也定义了同名的局部变量 add_sum 来存放两个变量的和。调用嵌套函数，并返回外层函数中 add_sum 的值。我们期望的是调用 sum_add(18,31)之后，ad_sum 可以得到和，但是并没有如此，得到的和是初始值 0。

```
def sum_add (para, para2):
    # 求两个参数的和

    # add_sum在这里是局部变量
    add_sum = 0
    print('变量 add_sum 的值是:', add_sum)

    # 定义嵌套函数
    def inner_sum(inner_para, inner_para2):
```

```
        # 定义了局部变量 add_sum 覆盖了外层的 add_sum
        add_sum = inner_para + inner_para2
        print("嵌套函数变量 add_sum =  ", add_sum)

    # 调用嵌套函数
    inner_sum(para,para2)

    # 变量 add_sum 并没有被修改，还是 0
    print('变量 add_sum 被 变量修改为： add_sum = ', add_sum)

    return add_sum


# 调用 sum_add()函数
ad_sum = sum_add(18,31)
print("两个数的和是 : ad_sum = ", ad_sum)
```

运行结果如下所示。

```
变量 add_sum 的值是： 0
嵌套函数变量 add_sum =   49
变量 add_sum 被 变量修改为： add_sum =  0
两个数的和是 : ad_sum =  0
```

2. 关键字 nonlocal

修改内层函数外区域变量 add_sum 的值，对于这样的变量，我们可以使用关键字 nonlocal 实现。关键字 nonlocal 是 Python 3.X 版本中出现的，所以在 Python 2.x 版本中无法直接使用。该关键字明确告诉解释器，内层函数内的变量不是局部变量，需要去上层区域查找，进而实现了对该变量的修改。在内层函数 inner_sum()中使用关键字 nonlocal。调用 sum_add(18,31)之后，ad_sum 可以得到和为 49。

```
def sum_add (para, para2):
    # 求两个参数的和

    # add_sum 在这里是局部变量
    add_sum = 0
    print('变量 add_sum 的值是:', add_sum)

    # 定义嵌套函数
    def inner_sum(inner_para, inner_para2):
        # 使用关键字 nonlocal，告诉这是引用外层的变量，而不是新定义
        nonlocal add_sum
        add_sum = inner_para + inner_para2
        print("嵌套函数变量 add_sum =  ", add_sum)
```

```
        # 调用嵌套函数
        inner_sum(para,para2)

        # 变量 add_sum 并没有被修改，还是 0
        print('变量 add_sum 被 变量修改为： add_sum = ', add_sum)

        return add_sum


    # 调用 sum_add()函数
    ad_sum = sum_add(18,31)
    print("两个数的和是 : ad_sum = ", ad_sum)
```

运行结果如下所示。

```
    变量 add_sum 的值是: 0
    嵌套函数变量 add_sum =  49
    变量 add_sum 被 变量修改为: add_sum =  49
    两个数的和是 : ad_sum =  49
```

有一个非常有名的关于关键字 global 和 nonlocal 的例子，如下所示。

```
    def scope_test():
        def do_local():
            spam = "local spam"  # 此函数定义了另外的一个 spam 字符串变量，并
且生命周期只在此函数内。此处的 spam 和外层的 spam 是两个变量，如果写成 spam = spam
+ "local spam"，则会报错
            print('In do_local:', spam)

        def do_nonlocal():
            nonlocal spam  # 使用外层的 spam 变量，修改了外层的 spam，也就是
scope_test 内的 spam
            spam = "nonlocal spam"
            print('In do_nonlocal : ', spam)

        def do_global():
            global spam
            spam = "global spam"
            print('In do_global: ', spam)

        spam = "test spam"
        do_local()
        print("After local assignmane:", spam)
```

```
        do_nonlocal()
        print("After nonlocal assignment:", spam)
        do_global()
        print("After global assignment:", spam)


    scope_test()
    print("In global scope:", spam)
```

运行结果如下所示。

```
In do_local: local spam
After local assignmane: test spam
In do_nonlocal :  nonlocal spam
After nonlocal assignment: nonlocal spam
In do_global:  global spam
After global assignment: nonlocal spam
In global scope: global spam
```

6.6 闭包

6.6.1 概念

在 6.5.3 节中，关键字 nonlocal 修饰的变量 add_sum 是一个自由变量。该变量在内层函数外定义，但是在局部区域中只能使用该变量，不可以修改，除非使用关键字 nonlocal。在 Python 官方文档（https://docs.Python.org/3/reference/executionmodel.html）中，自由变量的定义是“If a variable is used in a code block but not defined there, it is a free variable.”翻译过来就是，代码区域中使用的没有被定义的变量就是自由变量。

闭包引用了自由变量的函数。被引用的自由变量将和函数一同存在，即使已经离开了创造它的环境也不例外。我们可以把函数比喻成快递包裹，包裹里面的内容就是自由变量及其对应的逻辑功能。快递是被创建出来的，自由变量跟随它一起流动。无论创建包裹的环境是否存在，可以调用该函数的地方就可以使用里面的自由变量。快递包裹离开了创建自己的环境也可以使用自由变量。这说明“快递包裹”是一个内层函数，作为返回值返回给调用外层函数的引用。

语法：

```
def outer_fun(free_var):
    # 定义外层函数
    def inner_fun(var1):
        # 定义内层函数
        语句组(关于 free_var 与 var1 的语句)
    # 返回内层函数
```

```
    return inner_fun

# 调用外层函数
refer_fun = outer_fun(free)
# 使用闭包
refer_fun(var2)
```

对于函数 outer_fun()中的嵌套函数 inner_fun()来说，参数 free_var 既不是它的参数，也不是它的局部变量，而是自由变量。该参数在外层函数中定义，但是在内层函数的语句组内使用，因此它是自由变量，最后返回该内层函数。接着，我们调用外层函数 outer_fun()，并使用一个变量 refer_fun 接收它的返回值。此时，一个闭包 inner_fun 就形成了，并且包含了自由变量 free_var。当外层函数 outer_fun 的生命周期结束后，自由变量一直被记录在变量 refer_fun 中。这就是闭包的作用。

根据维基百科中的定义："在计算机科学中，闭包，又称词法闭包（Lexical Closure）或函数闭包（Function Closure），是引用了自由变量的函数。所以，有另一种说法认为闭包是由函数和与其相关的引用环境组合而成的实体。闭包在运行时可以有多个实例，不同的引用环境和相同的函数组合可以产生不同的实例。"另外，所有闭包内容为进阶内容。

综上所述，我们可以得到创建闭包的三个条件。

- 必须是嵌套函数。
- 内层函数必须引用自由变量。
- 外层函数必须返回内层函数。

闭包例子如下所示。

```
def welcome_Python(hope):
    """
        定义闭包函数
    :param hope: 自由变量
    :return:
    """
    def welcome(member_name):
        print(f'你好，{member_name} ,{hope}')

    # 返回内层函数
    return welcome
```

上述代码中，我们定义外层函数 welcome_Python()，并且使用形参 hope 记录祝福语。在外层函数内部，我们定义函数 welcome()，并且使用形参 member_name 记录人名。在该函数体内，我们使用 print()函数输出由 member_name 和 hope 组成的祝福语。由于变量 hope 的定义在外层函数 welcome_Python()中，变量 hope 就是闭包中的自由变量。接着，我们返回内层函数。代码如下所示。

```
# 调用外层函数
name = welcome_Python('希望你能坚持下去！')
```

```
# name 引用的函数就是内层函数 welcome
print('name 代表的函数是:', name)

# 实例化
name('Grace')

# 删除外层函数
# del welcome_Python
# 自由变量依然存在在变量 name 里面
name('Kim')

print('--------------------------------------')
print('创建另外一个场景，也就是不同的祝福语')

# 创建另外一个场景，也就是不同的祝福语
name_2 = welcome_Python('希望你的 Python 之路越来越好！')
# name_2 引用的也是内层函数 welcome
print('name_2 代表的是：',name)

# 不同的实例化
name_2('Grace')
name_2('Kim')
```

运行结果如下所示。

```
name 代表的函数是：<function welcome_Python.<locals>.welcome at 0x10afdb7b8>
你好，Grace ，希望你能坚持下去！
你好，Kim ，希望你能坚持下去！
--------------------------------------
创建另外一个场景，也就是不同的祝福语
name_2 代表的是： <function welcome_Python.<locals>.welcome at 0x10afdb7b8>
你好，Grace ，希望你的 Python 之路越来越好！
你好，Kim ，希望你的 Python 之路越来越好！
```

当我们调用外层函数，并且给出祝福语实参“希望你能坚持下去!”时，一个闭包就创建成功了，即使外层函数的生命周期结束了，自由变量也会一直保存在变量 name 中。正如维基百科所说：“闭包是由函数和与其相关的引用环境组合而成的实体。”变量 name 就是这个实体。我们使用闭包 name 分别给 Grace 和 Kim 发送相同的祝福语。这样就有多个实例了。

在 6.6.2 节我们将创建另外一个场景：使用闭包发送另外一个祝福：“希望你的 Python 之路越来越好!”然后使用闭包分别给 Grace 和 Kim 发送。闭包在运行时可以有多个实例，不同的引用环境和相同的函数组合可以产生不同的实例。

6.6.2 __closure__属性

在 Python 中，函数是对象，并且可以通过函数 dir()查看其属性列表。所有函数都有一个__closure__属性，如果这个函数是一个闭包，那么它返回的是一个由 cell 对象组成的元组对象；如果没有形成闭包，则__closure__属性返回的是 None。cell 对象的 cell_contents 属性就是闭包中的自由变量。正是该属性的存在，使得自由变量离开了外层函数之后，还可以在函数之外被访问。

查看属性如下所示。

```
    print('查看 name 的属性')
    # 获得闭包的属性
    print('有以下属性：\n',dir(name))
    # 元组
    print('如果是闭包则返回一个元组：',name.__closure__)
    # cell_contents 保存自由变量的值
    print('name_1 保存的自由变量的值是：', name.__closure__[0].cell_contents)

    print()
    print('查看 name_2 的属性')
    # 获得闭包的属性列表
    print(dir(name_2))
    print(name_2.__closure__)
    # 保存自由变量的值
    print('name_2 保存的自由变量的值是：', name_2.__closure__[0].cell_contents)
    # 查看其他属性
    print('',name_2.__name__)
    print('',name_2.__class__)
```

运行结果如下所示。

```
    查看 name 的属性
    有以下属性：
     ['__annotations__', '__call__', '__class__', '__closure__', '__code__', '__defaults__', '__delattr__', '__dict__', '__dir__', '__doc__', '__eq__', '__format__', '__ge__', '__get__', '__getattribute__', '__globals__', '__gt__', '__hash__', '__init__', '__init_subclass__', '__kwdefaults__', '__le__', '__lt__', '__module__', '__name__', '__ne__', '__new__', '__qualname__', '__reduce__', '__reduce_ex__', '__repr__', '__setattr__', '__sizeof__', '__str__', '__subclasshook__']
    如果是闭包，则返回一个元组： (<cell at 0x107ea5288: str object at 0x10849b330>,)
    name_1 保存的自由变量的值是： 希望你能坚持下去!
```

```
查看 name_2 的属性
['__annotations__', '__call__', '__class__', '__closure__',
'__code__', '__defaults__', '__delattr__', '__dict__', '__dir__',
'__doc__', '__eq__', '__format__', '__ge__', '__get__',
'__getattribute__', '__globals__', '__gt__', '__hash__', '__init__',
'__init_subclass__', '__kwdefaults__', '__le__', '__lt__',
'__module__', '__name__', '__ne__', '__new__', '__qualname__',
'__reduce__', '__reduce_ex__', '__repr__', '__setattr__', '__sizeof__',
'__str__', '__subclasshook__']
(<cell at 0x107e060a8: str object at 0x10fe50b20>,)
name_2 保存的自由变量的值是： 希望你的 Python 之路越来越好！
 welcome
 <class 'function'>
```

6.6.3 为什么使用闭包

为什么使用闭包？因为它有助于我们方便、高效地编程。

通过上面的例子，我们知道闭包可以把函数和所操作的某些数据关联起来，进而避免使用全局变量。这与面向对象编程中的对象很像。面向对象编程中的对象允许我们将对象的属性与一个或者多个方法关联起来。一般来说，在面向对象编程中只有一个方法时，我们推荐使用闭包。另外，闭包还提供一致的函数签名。

还有，可以利用闭包实现类似面向对象的编程。如果由于函数之间的实参不同而出现不同的功能，那么我们可以使用闭包来完成一个通用的功能。例如，求正方形的面积和立方体的体积，仅仅是指数不同（二者的指数分别是 2 和 3）。我们通过以下两种方法会来比较一下闭包的优势。

1. 不同函数实现

首先，我们使用两个函数分别求正方形的面积和立方体的体积。比如边长为 4 的正方形面积是 16；棱长为 5 的立方体的体积是 125。

```
print('不同的函数实现')


def fun_square(side_length):
    """
        求正方形的面积
    :param side_length:
    :return:
    """
    return side_length ** 2
```

```
def fun_cube(edge):
    """
        求正方体的体积
    :param edge:
    :return:
    """
    return edge ** 3


print('边长为 4 的正方形面积是：', fun_square(4))
print('棱长为 5 的立方体体积是:', fun_cube(5))
```

运行结果如下所示。

```
不同的函数实现
边长为 4 的正方形面积是： 16
棱长为 5 的立方体体积是： 125
```

2. 闭包实现

使用闭包实现上面的功能，只需要写一个通用的函数就可以实现上面两个函数的功能。这就是类似面向对象的编程。这样的好处是代码简洁，还可以实现不同指数的运算，比如 4、5、6 等。

```
print('闭包实现')


# 闭包实现
def outer(free_var):
    def inner(number_var):
        return number_var ** free_var
    return inner


#  创建两个闭包
square_2 = outer(2)
cube_2 = outer(3)

print('边长为 4 的正方形面积是：', square_2(4))
print('正方形用到的指数是:', square_2.__closure__[0].cell_contents)
print('棱长为 5 的立方体体积是:', cube_2(5))
print('立方体用到的指数是：', cube_2.__closure__[0].cell_contents)
```

运行结果如下所示。

```
闭包实现
边长为 4 的正方形面积是： 16
```

```
正方形用到的指数是： 2
棱长为 5 的立方体体积是： 125
立方体用到的指数是：  3
```

6.7 三大“神器”之装饰器

在 Python 编程语言中，我们经常使用装饰器、生成器和迭代器来优化代码，它们的功能非常强大，并且使代码简洁、高效。这也是面试中经常被问到的三个基础知识点，我们称之为三大“神器”。

6.7.1 概念

装饰器就是在代码运行期间，动态增加原来函数功能的一种函数。这里有两个函数，一个是装饰函数；另外一个是被装饰函数。从本质上讲，装饰函数就是一个函数，它不能修改被装饰函数的源代码和调用方式。也就是说，在不改变原来函数的情况下，我们可以给函数扩展更多的功能。这点很重要。在工作中，公司的核心代码一般是不允许修改的，只可以调用，并且是被多个部门调用的。如果调用方法修改了，那么很多部门的代码都需要修改。此时，我们就可以使用装饰器实现。常见的此类工作场景有：为核心代码插入输出日志、测试核心代码、权限校验、网页设计，以及为多个函数添加同一个功能或者神经网络等。

从 Python 语法上看，装饰器由两部分组成：闭包和语法糖。

语法：

```
# 语法糖；函数名是外层函数名字
@函数名
def fun_original():
    语句组
```

语法解释如下所示。

（1）定义闭包函数，用来扩展新的功能。

（2）@函数名为语法糖，函数名是定义的闭包函数外层函数名字，并且没有括号。

（3）在原来的函数 fun_original()前添加语法糖即可。

为了说明装饰器的用法，下面举一个例子，定义祝福函数 welcome()，并输出祝福语“希望你能坚持学习下去!”。

```
def welcome():
    """
        定义祝福函数
    :return:
    """
    print("希望你能坚持学习下去！")
```

```
# 调用函数
welcome()
```

运行结果如下所示。

```
希望你能坚持学习下去!
```

我们可以在祝福语前后添加日志信息。例如，在祝福语之前添加“调用函数 welcome()之前”，之后添加“调用函数 welcome()之后”。在工作中，无论是为了测试代码还是功能扩展等，我们经常需要为函数添加日志信息。常见的方法有两种，代码如下所示。

```
'''
    方法一：直接修改函数
'''
print()
print('直接修改函数的方法')


def welcome():
    """
        直接修改函数为其添加日志
    :return:
    """
    print("调用函数 welcome() 之前 ")
    print("希望你能坚持学习下去！ ")
    print('调用函数 welcome() 之后')

# 调用函数
welcome()

'''
    方法二：使用函数调用给函数增加新的功能
'''
print()
print('使用函数调用')

# 重新定义welcome()函数，否则deco()使用的是方法一中的welcome()函数
def welcome():
    print("希望你能坚持学习下去！ ")


def deco(func):
    """
        把函数当作参数传递，为函数添加功能
    :param func:
    :return:
```

```
        """
        print("调用函数 welcome() 之前 ")

        # 调用函数
        func()

        print('调用函数 welcome() 之后')

        return func


    # 调用函数
    deco(welcome)
```

运行结果如下所示。

```
直接修改函数的方法
调用函数 welcome() 之前
希望你能坚持学习下去!
调用函数 welcome() 之后

使用函数调用
调用函数 welcome() 之前
希望你能坚持学习下去!
调用函数 welcome() 之后
```

但是这些方法要么修改了原来的函数，要么修改了调用方式，都没有达到我们的目的。如果有很多个需要修改的函数，那么这些方法就显得很笨拙。最简单的方法就是使用装饰器，代码如下所示。

```
def deco(func):
    """
        定义闭包函数
    :param func:
    :return:
    """
    def inner():
        print("调用函数 welcome() 之前 ")

        # 调用函数
        func()

        print('调用函数 welcome() 之后')

    # 返回函数
    return inner
```

```
# 装饰器
@deco
def welcome():
    print("希望你能坚持学习下去！")


'''
    @deco = deco(welcome)
'''

# 调用函数
welcome()
```

运行结果如下所示。

```
调用函数 welcome() 之前
希望你能坚持学习下去!
调用函数 welcome() 之后
```

上述代码中，定义闭包函数 deco()，把添加的新功能（打印日志信息）放入内层函数，在需要添加新功能的函数前，使用装饰器语法糖。也就是在 welcome()函数之前添加@deco。这样既避免了代码重复（假如有多个类似 welcome()的函数，则要为每一个函数添加同样的代码），也没有修改原来的调用方法。

其实，装饰器是先把一个函数当作参数传递到一个外层函数中，然后返回内层函数，我们可以在内层函数执行额外的功能，而不需要添加额外的代码在原来的函数里。在本例中，是先把原来的函数 welcome()当作参数传递到外层函数 deco()中，然后返回内层函数。因此装饰器@deco 等于 deco(welcome)，具体步骤如下所示。

（1）执行函数 deco()，并且语法糖把函数 welcome()当作参数传递给该函数。即@deco 等价于 deco(welcome)。deco()函数内部会执行如下操作。

- 定义内层函数 inner()。
- 打印输出“调用函数 welcome()之前”。
- 执行 fun()函数，此时 welcome 为参数，fun 等于 welcome。
- 执行打印输出“调用函数 welcome()之后”。
- 返回 inner()函数，也就是函数作为返回值。

（2）把返回的 inner()函数复制给语法糖下面的函数的函数名 welcome。也就是函数 welcome = deco(welcome)，其中第一个 welcome 表示新的函数，第二个 welcome 为原来的函数。此时，执行的是新的 welcome()函数。在新的 welcome()函数内，我们先打印输出，然后执行旧的 welcome()函数，最后执行打印输出。这样的好处是，既执行了旧的函数，也添加了新的功能。

6.7.2 装饰带有参数的函数

装饰器也可以装饰带有参数的函数，即如果原来的函数带有参数，那么也可以使用装饰器为其添加新的功能。例如，为上一节的祝福函数 welcome()添加两个参数，人名（name）、学习内容（content），使得该函数具有更完善的功能。修改后的祝福函数 welcome()如下所示。

```
def welcome(name, content):
    """
        在原来的祝福函数中，我们添加人名(name)和学习内容(content)
    :param name:
    :param content:
    :return:
    """

    print(f"{name}，希望你能坚持学习《{content}》! ")


welcome('Grace','如何 7 天入门 Python 编程')
```

运行结果如下所示。

```
Grace，希望你能坚持学习《如何 7 天入门 Python 编程》!
```

同样，我们可以使用装饰器在祝福语前后添加日志信息，装饰带有参数的祝福函数，如下所示。

```
def deco(func):
    """
        定义闭包函数
    :param func:
    :return:
    """
    def inner(name, content):
        print(f"调用函数 welcome({name}, {content}) 之前。 ")

        # 调用函数
        func(name, content)

        print(f'调用函数 welcome({name}, {content}) 之后。')

    # 返回函数
    return inner


# 语法糖
```

```
@deco
def welcome(name, content):
    """
        在原来的祝福函数中，我们添加人名 name 和学习内容 content
    :param name:
    :param content:
    :return:
    """

    print(f"{name}，希望你能坚持学习《{content}》！")


welcome('Grace','如何 7 天入门 Python 编程')
```

运行结果如下所示。

```
调用函数 welcome(Grace，如何 7 天入门 Python 编程）之前。
Grace，希望你能坚持学习《如何 7 天入门 Python 编程》!
调用函数 welcome(Grace，如何 7 天入门 Python 编程）之后。
```

如果一个装饰器修饰多个函数，并且每一个函数的参数个数都不一样，那我们也可以使用装饰器。下面我们定义一个新的祝福函数 welcome_information()，打印输出某一个人正在学习的内容，以及祝福语。

```
def welcome_information(name, day, content, ):
    """
        在原来的祝福函数中，我们添加：
        人名 name
        学习进度 day
        和学习内容 content
    :param name:
    :param day:
    :param content:
    :return:
    """

    print(f"{name}，你正在学习的是 第{day}天的内容")
    print(f"希望你能坚持学习《{content}》！")


welcome_information('Grace', '6', '如何 7 天入门 Python 编程')
```

运行结果如下所示。

```
Grace，你正在学习的是 第 6 天的内容
希望你能坚持学习《如何 7 天入门 Python 编程》!
```

如果我们计划在两个祝福函数 welcome()与 welcome_information()的祝福语前后添加

日志信息，但是两个函数的参数个数不同，那么此时，我们可以在内层函数的参数列表里面使用(*args, **kwargs)，自动适应变化的参数和命名参数。

首先，定义外层函数 deco()，在内层函数 inner()里使用参数列表(*args, **kwargs)。

```
def deco(func):
    """
        定义闭包函数
    :param func:
    :return:
    """
    def inner(*args, **kwargs):
        print(f"调用函数 {func.__name__} 之前。 ")
        print()
        print(f'开始执行函数 {func.__name__} ......')
        # 调用函数
        func(*args, **kwargs)
        print()
        print(f'调用函数 {func.__name__} 之后。')

    # 返回函数
    return inner
```

然后，使用语法糖装饰每一个祝福函数。这样就可以为每一个函数打印日志信息，并且没有修改任何函数的代码。

```
# 语法糖
@deco
def welcome(name, content):
    """
        在原来的祝福函数中，添加人名 name 和学习内容 content
    :param name:
    :param content:
    :return:
    """

    print(f"{name}，希望你能坚持学习《{content}》! ")


# 装饰第二个函数
@deco
def welcome_information(name, day, content, ):
    """
        在原来的祝福函数中，我们添加
        人名 name
        学习进度 day
        和学习内容 content
```

```
    :param name:
    :param day:
    :param content:
    :return:
    """

    print(f"{name}，你正在学习的是 第{day}天的内容")
    print(f"希望你能坚持学习《{content}》！")


# 调用函数
welcome('Grace','如何 7 天入门 Python 编程')
print()
print('---------------------')
welcome_information('Grace', '6', '如何 7 天入门 Python 编程')
```

运行结果如下所示。

```
调用函数 welcome 之前。

Grace，希望你能坚持学习《如何 7 天入门 Python 编程》！

调用函数 welcome 之后。

---------------------
调用函数 welcome_information 之前

开始执行函数 welcome_information ......
Grace，你正在学习的是 第 6 天的内容
希望你能坚持学习《如何 7 天入门 Python 编程》！

调用函数 welcome_information 之后
```

6.7.3　多个装饰器

一个装饰器可以装饰多个函数，一个函数也可以被多个装饰器装饰。此时，被装饰的函数就具备了更多的功能。例如，定义两个装饰器 first_deco 与 second_deco 装饰祝福函数：第一个为祝福函数添加更多日志信息；第二个还是输出原来的日志信息。

1. 定义两个装饰器

```
def first_deco(func):
    """
        定义第一个装饰
    :param func:
```

```
    :return:
    """
    def first_inner():
        print("开始第一个装饰器")

        print(f'开始调用{func.__name__} .....')
        # 调用函数
        func()

        print('结束第一个装饰器。')

    # 返回函数
    return first_inner


def second_deco(func):
    """
        定义第二个装饰
    :param func:
    :return:
    """
    def second_inner():
        print('开始第二个装饰器')
        print("调用函数 welcome() 之前。 ")

        print(f'开始调用{func.__name__} .....')
        # 调用函数
        func()

        print('调用函数 welcome() 之后。')

        print('结束第二个装饰器')

    # 返回函数
    return second_inner
```

我们在祝福函数 welcome()前面添加两个语法糖，即可实现被多个装饰器装饰。

2. 用两个装饰器装饰一个函数

```
# 语法糖
@first_deco
@second_deco
def welcome():
    print("希望你能坚持学习下去！ ")
```

```
# 调用函数
welcome()
print('welcome 代表的是：', welcome.__name__)
```

运行结果如下所示。

```
开始第一个装饰器
开始调用 second_inner .....
开始第二个装饰器
调用函数 welcome() 之前
开始调用 welcome .....
希望你能坚持学习下去!
调用函数 welcome() 之后
结束第二个装饰器
结束第一个装饰器。
welcome 代表的是： first_inner
```

6.7.4　项目练习：使用装饰器为函数添加计时功能

在项目中，我们经常为一段代码添加计时功能。先不要参考下面的代码，读者可以自己思考一下，代码不需要与笔者一样，只要实现功能即可。在初学阶段，要先追求可以实现功能，再考虑优化代码。这里采用 3 种方法实现，注意你得到的时间可能与本文不同，因为大家的系统不一样。需要被装饰的函数如下所示。

```
import time


def hope():
    """
        实现祝福
    :return:
    """
    print("Hello, Python!")
    time.sleep(1)
    print("希望你能坚持下去！")


hope()
```

运行结果如下所示。

```
Hello, Python!
希望你能坚持下去!
```

1. 在原来的函数中添加代码

在原来的函数中添加代码，即直接修改被装饰函数的代码。为了与原来的被修改函数 hope()相区别，我们把原来的函数名 hope 改为 total_time_hope。首先在该函数中导入 time 库，调用 time 中的 time()方法得到函数之前的开始，并且记录在 start_time 里；然后执行核心代码；最后使用 time 得到执行后的时间，并且记录在 end_time 里。两个时间的差值即为核心代码的执行时间。该方法是最笨拙的方法，因为核心代码一般不可以被修改。

```
print("第一种方法：在原来的函数中添加代码")


# 嵌入原来的函数实现
def total_time_hope():
    """
        实现祝福
    :return:
    """

    start_time = time.time()
    print("Hello,  Python!")
    time.sleep(1)
    print("希望你能坚持下去！ ")

    end_time = time.time()

    total_time = (end_time - start_time) % 1000
    print("总共用时：", total_time)


total_time_hope()
```

运行结果如下所示。

```
第一种方法：在原来的函数中添加代码
Hello, Python!
希望你能坚持下去!
总共用时： 1.0001180171966553
```

2. 使用函数当作参数的方法

首先，定义一个函数 outer_total_time()，并且参数是函数。在 start_time 后执行该函数 time_func()。虽然该方法没有修改原来的函数，但是改变了调用方式。如果有多个部门调用此代码，则所有涉及的部门都要修改代码。

```
print("第二种方法：使用函数当作参数的方法")
```

```
def outer_total_time(time_func):
    """
        计算总时间
    :param time_func:函数作为参数
    :return:
    """
    start_time = time.time()

    # 调用函数参数
    time_func()

    end_time = time.time()

    total_time = (end_time - start_time) % 1000
    print("总共用时：", total_time)


# 把函数作为参数
outer_total_time(hope)
```

运行结果如下所示。

```
第二种方法：使用函数当作参数的方法
Hello， Python!
希望你能坚持下去!
总共用时： 1.0013270378112793
```

3. 使用装饰器实现

首先，定义闭包函数，然后在被修改函数之前使用语法糖。

```
print("第三种方法：使用装饰器实现")


def outer_deco(time_func):
    """
        计算总时间
    :param time_func:函数作为参数
    :return:
    """
    def inner_close():
        start_time = time.time()

        # 调用函数参数
        time_func()

        end_time = time.time()
```

```
        total_time = (end_time - start_time) % 1000
        print("总共用时：", total_time)

    return inner_close


# 语法糖:使得 hope() 函数具有计时功能
@outer_deco
def hope():
    """
        实现祝福
        :return:
        """
    print("Hello,  Python!")
    time.sleep(1)
    print("希望你能坚持下去！")


# 此时调用 hope() 函数就相当于注入了计时功能
hope()
```

运行结果如下所示。

```
第三种方法：使用装饰器实现
Hello,  Python!
希望你能坚持下去!
总共用时： 1.0003666877746582
```

6.8 三大“神器”之迭代器

在 Python 语言中，for 循环常用于遍历字符串、列表、字典等数据结构。这些数据结构都可以被称为可迭代对象。这是 Python 的一个重要特性。它是通过迭代器协议来实现的，迭代器协议是一种令对象可遍历的通用方式。我们可以使用 isinstance()函数判断一个对象是否是可迭代对象，如果是则返回 True，否则返回 False。

首先，导入需要的库，其中 Iterable 用来判断字典是不是一个可迭代对象。然后，定义一个记录各宫嫔妃年薪的字典 neme_dictionary，并且使用 for 循环遍历输出嫔妃的位分。最后，使用 isinstance()函数判断出字典是可迭代对象。

```
from collections import Iterable, Iterator
# 构建一个字典，记录各宫嫔妃的年薪，单位是两
name_dictionary = {'皇妃':300,
                   '皇后':1000,
                   '皇贵妃':800,
                   '贵妃':600,
```

```
                    '嫔':200}

    print(' ')
    # 使用 for 循环遍历字典中的键值对,方法 items()返回键值对列表
    print("各个级别的嫔妃是：")
    for key in name_dictionary:
        print(key)

    print('使用isinstance()函数判断字典是不是可迭代对象', isinstance(name_
dictionary, Iterable))
```

运行结果如下所示。

```
各个级别的嫔妃是：
皇妃
皇后
皇贵妃
贵妃
嫔
使用 isinstance()函数判断字典是不是可迭代对象 True
```

支持迭代器协议就是实现对象的__iter__()和__next__()方法（Python 2 中实现了 next()方法）。其中__iter__()方法返回迭代器本身；__next__()方法返回容器的下一个元素，在结尾时引发一个名字 StopIteration 的异常。

我们可以把实现了__iter__()和__next__()两个方法的对象称为迭代器。迭代器就是一种用于在上下文中向 Python 解释器生成的对象。因此，迭代器是一种对象，它能够用来遍历标准模板库容器中的部分或全部元素，但是不能回退，只能往前迭代。我们可以使用内建函数 iter()获取迭代器对象本身，并且可以使用 isinstance()函数判断一个对象是否是迭代器。如果是，则返回 True，否则返回 False。也就是可以使用 iter()把字典、列表等可迭代对象变成迭代器，然后返回。

在上面的例子中，字典 name_dictionary 本身是一个可迭代对象。但是，它不是一个迭代器。

```
    print('使用isinstance()函数判断字典是不是可迭代对象', isinstance(name_
dictionary, Iterable))
    print('使用 isinstance() 函数判断字典是不是迭代器',
isinstance(name_dictionary, Iterator))
```

运行结果如下所示。

```
使用 isinstance()函数判断字典是不是可迭代对象 True
使用 isinstance()函数判断字典是不是迭代器 False
```

当我们写下 for 循环语句时，Python 解释器会根据 name_dictionary 生成一个迭代器。然后 for 循环语句就会通过__iter__()方法来获得迭代器对象，通过__next__()方法获取下一个元素。

为了说明可迭代对象与迭代器，我们首先使用 iter()把字典 name_dictionary 变成迭代器，并且赋值给 dict_iter，那么 dict_iter 就变成了可迭代对象。

```
    # 调用 iter(),并且赋值给 dict_iter
    dict_iter = iter(name_dictionary)

    # 判断是不是迭代器或者可迭代对象
    print('使用 isinstance()函数判断 dict_iter 是不是可迭代对象',
isinstance(name_ dictionary, Iterable))
    print('使用 isinstance()函数判断 dict_iter 是不是迭代器',
isinstance(name_ dictionary, Iterator))
    print('使用 isinstance()函数判断 iter(name_dictionary) 是不是迭代器',
isinstance(iter(name_dictionary), Iterator))
```

运行结果如下所示。

```
    使用 isinstance()函数判断 dict_iter 是不是可迭代对象 True
    使用 isinstance()函数判断 dict_iter 是不是迭代器 False
    使用 isinstance()函数判断 iter(name_dictionary) 是不是迭代器 True
```

由于 dict_iter 是一个可迭代对象，因此我们可以使用__iter__()方法返回迭代器本身，使用__next__()方法返回容器的下一个元素。

```
    # dict_iter 具有__next__()与__iter__( )方法

    print('返回迭代器本身：', dict_iter.__iter__())

    #  通过__next__()方法或 next()函数返回元素，但是不能往后，只能往前。到最后一个元素时抛出异常
    print('通过__next__()返回下一个元素：', dict_iter.__next__())
    print('通过 next()返回下一个元素：', next(dict_iter))
    print('通过 next()返回下一个元素：', next(dict_iter))
    print('通过 next()返回下一个元素：', next(dict_iter))
    print('通过__next__()返回下一个元素：', dict_iter.__next__())
```

运行结果如下所示。

```
    返回迭代器本身： <dict_keyiterator object at 0x1093732c8>
    通过__next__()返回下一个元素： 皇妃
    通过 next()返回下一个元素： 皇后
    通过 next()返回下一个元素： 皇贵妃
    通过 next()返回下一个元素： 贵妃
    通过__next__()返回下一个元素： 嫔
```

异常情况如下所示。

```
    print(dict_iter.__next__())
```

运行结果如下所示。

```
    Traceback (most recent call last):
File"/Users/PycharmProjects/seven_days_Python/Sixth_day/Iterator/
iterator.py",in <module>
        print(dict_iter.__next__())
    StopIteration
```

6.9 三大“神器”之生成器

Python 官方文档有这么一句话“Python’s generators provide a convenient way to implement the iterator protocol”。大意就是 Python 生成器是一种更方便的实现迭代器协议的方法。因此，生成器（Generator）是一种特殊的迭代器，也是构造新的可迭代对象的一种非常简洁的方式。生成器是 Python 语言最吸引人的特性之一，也是面试中经常被问到的基础知识之一。有两种方法可以生成生成器：生成器表达式和关键字 yield。

6.9.1 生成器表达式

列表解析式可以创建列表，但是，由于电脑内存限制，列表容量肯定受限制，并且当创建大量列表元素时，它们会占用大量存储空间。如果仅仅访问列表中的前面几个元素，而后面绝大多数元素没有被访问，那么这些未被访问的元素将浪费内存空间。所以根据访问的元素创建列表，而不是创建完整的列表，就能节省大量的存储空间。在 Python 中，我们使用生成器表达式解决该问题，因为生成器只有被访问时里面的元素时才执行。

1. 生成器表达式

创建一个生成器表达式，只要将列表解析式的中括号变成小括号即可。生成器的类型是<class 'generator'>。

```
# 列表解析式
power_list = [x ** 2 for x in range(11)]
print('power_list 的类型是列表：', type(power_list))

# 从[]到()变成生成器表达式
power_generator = (x ** 2 for x in range(11))
print('power_generator 的类型是生成器：', type(power_generator))
```

运行结果如下所示。

```
power_list 的类型是列表： <class 'list'>
power_generator 的类型是生成器： <class 'generator'>
```

2. 访问元素

列表中的元素可以直接被访问。但是，只有实际访问生成器的元素时，代码才会被执行，否则不能访问里面的元素。我们首先访问 power_list 列表中的元素，然后试图通过生成器名字 power_generator 访问列表元素，但是失败了。由于生成器是特殊的迭代器，因此可以使用__next__()方法访问。

```
# 访问列表元素
print('访问列表中的元素',power_list)

# print
print('直接调用生成器：', power_generator)
# generator 是特殊的迭代器，使用 next()计算出下一个元素的值，直到计算到最后一个元素时，才抛出 StopIteration 的错误
print('通过__next__方法访问元素',power_generator.__next__())
```

运行结果如下所示。

```
访问列表中的元素 [0, 1, 4, 9, 16, 25, 36, 49, 64, 81, 100]
直接调用生成器： <generator object <genexpr> at 0x117ba2780>
通过__next__方法访问元素 0
```

3. 两次访问生成器

生成器中的元素只能被访问一次，否则会输出为空或者遇到 StopIteration 异常。为了说明它，我们遍历同一个生成器两次。第一次，使用 for 循环遍历生成器 power_generator 中的元素。由于在前面已经使用__next__()方法输出了 0，那么本次的 for 循环访问元素是从第二个元素 1 开始，至最后一个元素 100 结束。但是，第二次时，我们得到了空的结果，并且此时再使用__next__()方法访问出现了 StopIteration 异常。

```
# 也可以使用 for 循环迭代。生成器可以使用 for，不需要__next__()方法
print('第一次遍历访问生成器元素')
for i in power_generator:
    print(i)
print('结束第一次遍历')

# 第二次遍历
print('第二次遍历访问生成器元素')
for i in power_generator:
    print(i)
print('结束第二次遍历')
# print(power_generator.__next__())
```

运行结果如下所示。

```
第一次遍历访问生成器元素
1
4
9
16
25
```

```
36
49
64
81
100
结束第一次遍历
第二次遍历访问生成器元素
结束第二次遍历
```

4．生成器表达式作为函数的参数

生成器表达式还可以直接作为函数的参数。我们给出了两个例子：第一个，求 10 以内数字的平方的总和，我们直接把生成器表达式放在内置函数 sum()内作为参数；第二个，使用 dict()函数创建字典，并且返回一个字典。

```
print('生成器表达式作为函数参数')
# 第一个例子
print(sum((x ** 2 for x in range(11))))

# 第二个例子
print(dict((i,i+2) for i in range(5)))
```

运行结果如下所示。

```
生成器作为函数参数
385
{0: 2, 1: 3, 2: 4, 3: 5, 4: 6}
```

6.9.2　关键字 yield

除了生成器表达式，我们还可以在函数中使用关键字 yield 来生成生成器。在函数中，将返回 return 替换为关键字 yield 即可。注意：return 只能返回一次函数，而关键字 yield 可以返回多次。关键字 yield 把函数变成生成器函数：当调用生成器函数时，函数只是返回了一个生成器对象，并没有被执行。

我们定义函数 power_fun()求 10 以内的数字的平方数，并且使用关键字 yield 返回结果。然后，调用该函数，并且赋值给 power_fun_gen。通过 type()函数查看类型。但是，输出结果中并没有执行生成器。

```
def power_fun(number):
    """
        使用关键字 yiled 创建一个生成器
    :param number:
    :return:
    """
    print('求 10 以内数字的平方数')
```

```
    for i in range(number + 1):
        yield i ** 2


# 调用函数，但是并不会立即执行
power_fun_gen = power_fun(10)
print('power_fun_gen 的类型是：',type(power_fun_gen))
print('power_fun 返回的类型是：',type(power_fun(10)))
```

运行结果如下所示。

```
power_fun_gen 的类型是： <class 'generator'>
power_fun 返回的类型是： <class 'generator'>
```

只有访问生成器中的代码，才会执行它的代码。此处，for 循环被用来执行访问元素。

```
# 遍历生成器中的元素
print('使用 for 遍历元素')
for i in power_fun_gen:
    print(i, end=' ')
```

运行结果如下所示。

```
使用 for 遍历元素
求 10 以内数字的平方数
0 1 4 9 16 25 36 49 64 81 100
```

在项目中，充分利用 Python 生成器不但可以减少内存的使用量，而且可以提高代码可读性。例如用 for 循环动态生成列表的地方，我们可以使用生成器函数实现。

```
# 动态生成列表
def gene_list():
    result = []
    for ... in ...:
        result.append(x)
    return result

# 可以用生成器函数来替换：

def iter_fun():
    for ... in ...:
        yield x
```

为了说明该知识点，我们使用两种方法生成 10 个数字。第一种方法使用 for 循环实现；第二种方法使用生成器函数实现。

（1）使用 for 循环

```
def generate_ten():
    """
```

```
        生成 10 个数
    :return:
    """
    ten_list = []
    for n in range(10):
        ten_list.append(n)

    print(f'使用 for 循环生成 10 个数字的列表有')
    print(f' {ten_list}')

print()
# 调用函数
generate_ten()
```

运行结果如下所示。

```
使用 for 循环生成 10 个数字的列表有
 [0, 1, 2, 3, 4, 5, 6, 7, 8, 9]
```

（2）使用生成器函数

```
# 使用生成器函数
print('使用生成器函数生成 10 个数')


def generator_ten():
    """
        生成 10 个数
    :return:
    """
    for n in range(10):
        yield n


# 调用函数
gen_ten = generator_ten()

# 执行生成器函数
for i in gen_ten:
    print(i,end=' ')
```

运行结果如下所示。

```
使用生成器函数生成 10 个数
0 1 2 3 4 5 6 7 8 9
```

6.10 匿名函数

6.10.1 概念

顾名思义，匿名函数就是没有名字的函数。匿名函数使用 lambda 关键字定义。该关键字表明定义了一个匿名函数。

定义匿名函数的语法是：

```
lambda arg1, arg2, …: expression
```

语法解释如下所示。

- 参数 arg1、arg2 等表示 1 个或多个参数列表，注意它们不需要括号。
- 冒号不是表示新的语句块。
- expression 是对参数列表中的参数进行计算。

注意：匿名函数没有 retrun(返回)，整个表达式的结果为匿名函数的返回值；匿名函数只能写在一行上，也被称为单行函数；匿名函数中不需要出现 if、while、for 等语句。

举个例子，用 lambda 定义匿名函数 lambda x : x **2，然后查看其输出是 function 类型，说明是一个函数。

```
# lambda x : x **2 定义匿名函数，查看返回值是 function ，说明是一个函数
print('lambda 是匿名函数：', lambda x : x ** 2)
```

运行结果如下所示。

```
lambda 是匿名函数： <function <lambda> at 0x10c712510>
```

匿名函数也是函数，但是与 def 定义的函数有一定的区别和联系。匿名函数简化了函数的定义，使得代码更简洁。对于一些小的计算任务，推荐使用匿名函数，而复杂的运算可以使用 def 定义函数。匿名函数可以转化为 def 定义的函数，方法是先把 lambda 中的参数列表变成 def 中的参数列表；再将 lambda 中的表达式变成 def 定义的函数体；最后给函数起一个名字。

我们把上面的 lambda 表达式变成 def 定义的函数。首先，把匿名函数中的参数 x 变成 def 函数中的参数 number，也就是两者的参数必须一样。然后，把匿名函数中的表达式 x**2 变成 def 函数中的函数体；最后将 def 函数命名为 power_function。

```
def power_function(number):
    """
        求一个数字的幂
    :param number:
    :return:
    """
    print('通过 def 定义函数的结果：', number ** 2)
```

```
# 调用函数
power_function(3)
```

运行结果如下所示。

```
执行匿名函数的结果： 9
```

对于 def 定义的函数 power_function()，我们直接调用函数名字即可执行。比如求 3 的平方。但是，由于匿名函数没有名字，只是由参数和表达式组成的。我们不能像调用 def 定义的函数一样调用匿名函数。我们可以使用双括号方法实现。第一个括号：把整个 lambda 表达式用小括号括起来，就可以一直执行匿名函数；第二个括号：在第一个括号之后，用来给匿名函数传递参数。

同样是求 3 的平方。当使用关键字 lambda 时，我们首先把 lambda 表达式括起来，然后用一个小括号给匿名函数传递参数 3。

```
# 执行匿名函数
print('执行匿名函数的结果：', (lambda x : x ** 2)(3))
```

运行结果如下所示。

```
执行匿名函数的结果： 9
```

除了上面的双括号方法，还可以使用赋值的方法，把整个匿名函数赋值给一个变量。例如，把 lambda 表达式赋值给 lam_fun，然后通过名字调用匿名函数，也就是 lam_fun(3)。

```
# 通过赋值方法定义匿名函数
lam_fun = lambda x: x ** 2
print(lam_fun)
print('通过赋值方法定义匿名函数', lam_fun(3))
```

运行结果如下所示。

```
<function <lambda> at 0x10b90a510>
通过赋值方法调用匿名函数 9
```

6.10.2　匿名函数的使用场景

由于匿名函数使得代码更为简洁，因此在 Python 的各个细分领域被广泛使用。例如用在大数据分析中，因为匿名函数可以作为参数直接传递给其他函数。匿名函数的代码量比较小，将其作为参数传递，比写一个完整的函数或赋值给一个变量更方便。

假如，在一个培训机构的课程报名信息表中，使用字典 word 保存部分信息。其中报名 Python 课程的有 40 人、报名 Java 课程的有 15 人，报名 C++课程的有 20 人。为了计算方便，我们使用 list()函数将其转化为列表 word_list。

```
# 报名编程语言课的人数
# 排序中使用 lambda
word = {'Python':40, 'Java':15, 'C++':20}

# 转化为列表，请查看其类型和输出元素
word_list = list(word.items())
print(type(word_list))
print('输出列表：', word_list)
```

运行结果如下所示。

```
<class 'list'>
输出列表： [('Python', 40), ('Java', 15), ('C++', 20)]
```

通过输出 word_list，我们知道其是一个由元组构成的列表。如果要对其排序，例如按照报名人数排序，则要用到 sorted()函数或者 sort()函数中的参数 key，指明按照元组中哪个元素排序，也就是排序规则。通常，使用关键字 lambda 定义参数 key 中的规则。x 表示列表中的一个元素，例如，下面的代码中 x 表示一个元组，只是临时起的一个名字，x[0]表示元组里的第一个元素，那么第二个元素就是 x[1]。下面的代码中就是按照列表中第一个元素或者第二个元素排序的。

```
# 按照语言名字排序，sorted()函数中的 key 是规则
sorted_key = sorted(word_list, key=lambda x: x[0])
print('按照元组中第一个元素（语言名字）排序：', sorted_key)

# 按照 value 排序
print('按照元组中第二个元素（人数）排序', sorted(word_list, key=lambda
x: x[1]))
```

运行结果如下所示。

```
按照元组中第一个元素（语言名字）排序： [('C++', 20), ('Java', 15),
('Python', 40)]
按照元组中第二个元素（人数）排序 [('Java', 15), ('C++', 20), ('Python',
40)]
```

可以把关键字 lambda 当作参数，放在 filter()函数或者 map()函数中。首先，查找报名人数大于 18 的课程，然后分别查看课程名字及报名信息。

```
# filter：根据条件查找数据
# 查找报名人数大于 18 的课程
filtered_list = list(filter(lambda x:x[1] > 18, word_list))
print('查找报名人数大于 18 的课程', filtered_list)

print()

# map()
```

```
mapped_list = list(map(lambda x:x[0], word_list))
print('只查看课程名字：', mapped_list)

print()

# map()
mapped_list = list(map(lambda x:x[0], word_list))
print('只查看报名信息：', mapped_list)
```

运行结果如下所示。

```
查找报名人数大于 18 的课程 [('Python', 40), ('C++', 20)]

只查看课程名字： ['Python', 'Java', 'C++']

只查看报名信息： ['Python', 'Java', 'C++']
```

6.10.3 柯里化

对于一个多参数的函数，如果要固化其中的几个参数值，则可以使用柯里化。它是通过固化部分参数把已有函数变成一个新的函数，其中使用到匿名函数。虽然用函数的默认值也可以到达同样的效果，但是函数的默认值只能固化一次，而柯里化可以固化多次。

定义两个参数的函数如下所示。

```
def power_fun (number, power):
    '''
        求一个数的幂
    :param number:
    :param power:
    :return:
    '''
    print(number ** power)

# 调用函数
power_fun(2, 8)
```

运行结果如下所示。

```
256
```

下面我们首先用函数 power_fun()定义两个参数。然后，用匿名函数定义一个新函数 tow_lamb()，并赋值给变量。对于新函数 tow_lamb，我们固化了第一个参数 2，并且多次调用得到不同的值。接着，再次固化第一个参数为 3，然后对第二个参数执行不同的值。代码如下所示。

```
# 第一次柯里化
```

```
tow_lamb = lambda x: power_fun(2, x)
print('第一次柯里化以后：')
tow_lamb(8)
tow_lamb(9)


# 第二次柯里化
three_lamb = lambda x: power_fun(3, x)
print('第二次柯里化以后：')
three_lamb(2)
three_lamb(3)
```

运行结果如下所示。

```
第一次柯里化以后：
256
512
第二次柯里化以后：
9
27
```

6.11 将函数存储在模块中

有时候，我们可以将函数存在单独的文件中，隐藏其逻辑。这样就可以把主要精力用在主体程序上。在传递字典中，可以把定义员工信息的函数 employee()单独存放在文件 employee_model.py 中，那么主程序直接调用该文件即可。这样设计的优点是将函数调用和函数定义分离，使代码简洁、易于维护。

```
def employee(first_name,last_name,**employee_infor):
    """
        定义员工信息的函数在一个单独的文件中
    :param first_name:
    :param last_name:
    :param employee_infor:
    :return: 员工信息
    """

    employee = {}
    employee["first_name"] = first_name
    employee["last_name"] = last_name

    for key,value in employee_infor.items():
        employee[key] = value

    return employee
```

接下来，在主程序中调用已定义函数的模块。在 Python 中，使用 import ×××把整个模块导入主程序中，或者使用 from ××× import ×××把需要的内容导入主程序中。在员工信息的例子中，我们使用 from employee_model import 方法把定义员工信息的函数导入主程序中，即可在主程序中直接调用该函数。

主程序如下所示。

```
"""
    调用函数
"""
# 导入自定义的模块
from  employee_model import *

# 调用函数
my_employee = employee("德华", "刘", location='香港', dep='大数据')
print('员工信息如下：')
for key, value in my_employee.items():
    print('\t'+key+":"+value+'\n')
```

运行结果如下所示。

```
员工信息如下：
    first_name:德华

    last_name:刘

    location:香港

    dep:大数据
```

一般使用下面几种方法把模块导入主体文件中。

```
# 导入整个模块文件的函数，必须使用module_name.function_name()函数调用
import employee_model
my_employee = employee_model.employee("德华", "刘", location='香港
', dep='大数据')

# 导入模块中特定的函数，调用时，可以不用模块名字
from  employee_model import employee
my_employee = employee("德华", "刘", location='香港', dep='大数据')

# 使用as指定函数的别名
from  employee_model import employee as em
my_employee = em("德华", "刘", location='香港', dep='大数据')

# 使用as指定函数的别名
import employee_model as em
```

```
    my_employee = em.employee("德华", "刘", location='香港', dep='大数
据')

    # 使用*导入模块中所有函数，但是加载比较慢
    from employee_model import *
    my_employee = employee("德华", "刘", location='香港', dep='大数据')
```

6.12 如何设计函数

面对问题时，如何把代码构建为函数呢？我们采用问题拆解法：先把总问题拆解为若干个构成部分；每个部分写成一个函数。每个函数都应该只负责一件事情，如果一个函数处理的事情比较多，则要考虑将其拆解为两个函数，然后用调用的方法实现。这样做的目的是把复杂任务分步骤完成。该方法的原则就是分解问题，且每个小问题只负责一件事情，每个小问题为一个函数。

在 Python 中，每个函数都有自己的编码规则，具体如下所示。

- 函数名字尽量使用小写字母加下画线的形式，建议用完整的英文单词。
- 注释函数的功能。
- 形参的默认值，等号两边不能有空格。
- 函数中的关键字实参，也不能有空格。
- 注意区分函数的参数调用，如位置实参、关键字实参等。
- 当程序中有两个函数时，空两行表示区分。
- 所有 import 语句放在文件开头。

6.13 项目练习：运用函数创建自动化管理文件

6.13.1 项目描述

当文件夹中文件非常多时，文件管理就会特别费时和枯燥无味，例如要删除某一个文件，我们需要从所有文件中找出该文件，然后才能删除；当我们只记得大概的文件名字和类型时，则需要在特定的文件夹查找是否包含该文件等。删除文件、模糊查找或者重命名等都是常见的文件管理操作。为了更省时、省力地管理文件，我们使用 Python 创建自动化文件管理系统，实现自动化模块查找、删除或者重命名文件等功能。

6.13.2 项目拆解

根据项目描述，我们可以把自动化文件管理系统分解为 3 个功能，分别是模块查找、删除及重命名文件。在 Python 语言中，管理文件的模块是 os 模块。整个自动化文件管理系统都采用本章介绍的函数实现。

6.13.3 主程序

创建主程序 main_file.py，用注释的方法写明该程序的功能——自动化管理文件：1.模块查找文件；2.删除文件；3.重命名文件，并导入 os 模块。定义变量 path 存放操作的文件夹路径。调用 os 模块中的 chdir()方法把当前工作路径变成存放文件的路径，然后用 listdir()方法列出所有的文件或文件夹名字。

主程序 main_file.py 如下所示。

```
"""
    自动化管理文件
    1.模糊查找文件
    2.删除文件
    3.重命名文件
"""
import os
import file_all_op as fo
# 要查找的文件的绝对路径
path = '需要管理的文件路径'

# 把工作目录改为设置的路径
os.chdir(path)

# 调用 os 模块中的 listdir()方法，列出所有的文件
# 返回 path 指定的文件夹包含的文件或文件夹的名字的列表
files = os.listdir(path)

# 显示指令
fo.show_commands()

file_op = int(input('请输入需要执行的操作指令'))
```

为了方便用户执行文件管理命令，在上面的代码中我们首先给出了命令指示。然后创建一个新的函数 show_commands()实现该功能，并且放在新的模块 file_all_op.py（如下所示）中。在主程序中导入 import 模块，新函数就可以被使用了。这样设计的优点是简化主程序的代码，使其逻辑更加清晰。然后，使用 input()函数，让用户根据命令指示输入想要执行的操作。

```
def show_commands():
    """
        提示用户输入的操作
    :return:
    """
    print('------------------------')
    print(' 请用户输入不同的指令')
    print('1 模糊查找文件')
```

```
    print('2 删除文件')
    print('3 重命名文件')
    print('------------------------')
```

运行结果如下所示。

```
------------------------
 请用户输入不同的指令
1 模糊查找文件
2 删除文件
3 重命名文件
------------------------
请输入需要执行的操作指令
```

接着，在主程序中使用 if-elif-else 结构管理用户输入的指令。根据不同的指令，程序给出不同的功能。但是这些功能的实现保存在模块 file_all_op.py 中。在主程序中，我们只是调用相应功能的函数名字。如果是 1，则使用函数 find_files(files)实现模糊查找文件的功能；如果是 2，则使用函数 del_files(files)实现删除文件的功能；如果是 3，则使用 rename_files(files)实现重命名文件的功能。

```
--- 忽略之前的内容 ---
if file_op == 1:
    ''' 模糊查找文件 '''
    fo.find_files(files)
elif file_op == 2:
    ''' 删除文件'''
    fo.del_files(files)
elif file_op == 3:
    ''' 重命名文件 '''
    fo.rename_files(files)
else:
    print('请输入正确的指令：1 2 或者 3')
```

6.13.4 实现管理功能

根据前面的分析，文件管理功能分为 3 个，也就是 3 个函数，分别是 find_files(files)模糊查找文件、del_files(files)删除文件，以及 rename_files(files)重命名文件。这些函数放在 file_all_op.py 模块中。

1. 模糊查找文件

首先，让用户输入要模糊查找的文件的名字及文件类型。然后，在指定的文件夹下，搜索查找是否包括该文件，如果找到则输出找到该文件。由于文件夹中有很多文件，也就是批量处理的情况，我们要用循环处理该操作，此处使用 for 循环。在循环体内，对于模糊查找，也就是根据关键字查找，我们使用 if 判断语句，并且结合 in 来判断给出的文件名字是否包含在指定的文件夹中，如果在则输出查找到的所有完整文件名。

```
    def find_files(files):
        """
           模糊查找文件
        :param files: files
        :return:
        """
        find_file = input('请输入需要模糊查找的文件名字')
        end_file = input('请输入文件的类型')
        for f in files:
            ''''
               对于关键字的查找，使用 if 判断语句
               in 的用法：判断某一个成员是不是在某一个字符串里
               f.endswith()方法用来判断文件结尾
            '''
            if find_file in f and f.endswith(end_file):
               print(f' 找 到 文 件 名 中 包 括  {find_file}, 并 且 文 件 类 型 是
{end_file} 的完整文件名字有：{f}')
```

运行结果如下所示。

```
    请输入需要模块查找的文件名字优胜
  请输入文件的类型.jpeg
  找到文件名中包括 优胜,并且文件类型是 .jpeg 的完整文件名字有:优胜美地 2.jpeg
  找到文件名中包括 优胜,并且文件类型是 .jpeg 的完整文件名字有:优胜美地 1.jpeg
```

2. 删除文件

首先，让用户输入需要删除的文件名。然后，使用 if 语句判断文件夹中是否包含要删除的文件。如果没有则输出文件不存在，无法删除；否则删除文件。我们使用 in 来判断文件是否包含在指定的文件夹中。如果要删除的文件存在，则再次提醒用户是否删除。如果输入的是“Y”，则调用 os 模块中的 remove()方法删除指定的文件。

```
  # -*- coding: utf-8 -*-
  import os


  def del_files(files):
      """
      删除指定的文件
      :param files:
      :return:
      """
      del_file = input('请输入需要删除的文件名')
      if del_file in files:
```

```
        ''' 首先判断文件是否存在'''
        print(f'你将删除 {del_file}')

        # 确认是否删除
        confirm = input('请再次确认是否删除(Y/N)')

        if confirm == 'Y':
            os.remove(del_file)
            print(f'你已经删除{del_file}')
    else:
        print(f'文件 {del_file}不存在，无法删除')
```

运行结果如下所示。

```
请输入需要删除的文件名副本
你将删除 副本
请再次确认是否删除(Y/N)Y
你已经删除副本
```

3. 重命名文件

首先，让用户输入需要重命名的文件名及新的文件名。然后，使用 if 语句与 in 判断指定文件夹中是否包含该文件。如果存在，则调用 os 模块的 rename()方法重命名文件；如果不存在，则输出“文件××不存在，无法重命名”。

```
def rename_files(files):
    """
    重命名指定的文件
    :param files:
    :return:
    """
    rename_file = input('请输入需要重命名的文件名')
    newname_file = input('请输入新的文件名')

    if rename_file in files:
        print(f'文件{rename_file}存在，将被重命名为{newname_file}')
        os.rename(rename_file, newname_file)

    else:
        print(f'文件{rename_file} 不存在，无法重命名')
```

文件夹中不包含需要重命名的文件时的输出结果：

```
请输入需要重命名的文件名网站
请输入新的文件名网
文件网站 不存在，无法重命名
```

文件夹中包含需要重命名的文件时的输出结果：

```
请输入需要重命名的文件名网站头像.png
请输入新的文件名头像.png
文件网站头像.png 存在，将被重命名为头像.png
```

4. 项目小结

本项目综合使用了本章的内容，例如把函数放入模块中、调用函数，以及传递函数参数等。我们还给出了程序设计方法：拆解法，拆解法用于把大的项目拆解为多个小的功能。本项目中的问题被拆解成了 3 个功能。

第 7 章

Python 面向对象，简单易懂

7.1 程序设计方法

常用的程序设计方法有两种：结构化程序设计方法（Structured Programming）与面向对象程序设计方法（Object-Oriented Programming，OOP）。

1. 结构化程序设计方法

结构化程序设计方法的主要思想是“自顶向下，逐步求精”。它主张按功能来分析系统需求。系统逐步细化为一个一个的小功能，所有功能组合为一个大的系统，因此它又叫面向功能的程序设计方法。

每个功能对应一个函数，函数是结构化程序设计中最小的程序单元。整个程序由一个一个函数组成，而整个程序的入口是一个主函数（main()），由主函数调用程序里面的某一个函数，这个函数再调用其他函数，这样程序里面的所有函数形成调用关系，进而实现整个程序的功能。结构化程序设计非常强调某个功能的算法。算法由一系列操作组构成。任何简单或复杂的算法都可以由顺序结构、选择结构、循环结构这三种基本结构来构成。

2. 面向对象程序设计方法

面向对象程序设计方法是从自然界中来的。在系统构造中，尽可能地利用人类的自然思维方式，强调以现实世界中的事物（对象）为中心来认识问题、思考问题，并根据事物的本质特征，把它们抽象表示为系统中的类，然后由类创建对象。这使得软件系统的组件可以直接对应客观世界，并保持客观世界中事物及其相互关系的本来面貌。面向对象的特点就是，一切皆对象。

面向对象程序设计方法有三个基本特征。

- 封装性：将类的实现细节隐藏起来，不允许外面程序直接访问，而是通过该类提供的接口方法实现对隐藏信息的操作和访问。
- 继承性：是面向对象实现的重要手段，子类继承父类，子类直接获得父类的属性和方法。
- 多态性：子类对象可以赋值给父类对象引用，运行时仍然表现出子类的行为特征，同一个类型的对象在执行同一个方法时，可能表现出不同的特征。

如何选择这两种方法呢？在 Python 开发中，可以全部使用面向对象程序设计方法或面向结构化程序设计方法，也可以混合使用。面向对象的应用场景需要创建多个事物，每个事物属性的个数相同，但是属性的值不同，例如设计游戏人物时，每个游戏人物都有姓名、攻击力、生命值等属性，但每个游戏人物的值都不相同。

7.2 面向对象程序设计中的概念

面向对象程序设计中有很多新的概念，都是第一次出现，下面我们逐一介绍。

面向对象中的第一个概念就是类（class）。在 Python 语言中，描述事物的特征被称为属性，而表示事物的行为被称为方法（也就是函数，在面向对象里面一切行为都是方法，没有函数），把两者合并一起就是 Python 语言的类。类就是用来描述具有相同属性和方法的事物的集合，即类具有相同的属性和方法。

另外一个重要的概念就是对象（instance）。在 Python 语言中，对象就是类的一个具体事物，比如人是一个类，那么刘德华就是一个具体的事物，就是人这个类的一个对象，刘德华就具备人这个类的属性。

类和对象的区别是：每一个对象都具备类中的属性和方法，但是具体的值可能不同；而类是一个模板，可以创建的对象个数没有限制。根据类创建对象的过程称为实例化。实例化以后对象就具备了类的属性和功能（方法）。

7.3 如何定义类

7.3.1 创建类

在 Python 语言中，类定义的语法如下所示。

```
class ClassName():
    """类定义"""
```

```
    def __init__(self,var1,var2):
        # 类属性
        self.var1 = var1
        self.var2 = var2
        self.var3 = 0

    def function1 (self, var3):
        # 方法
        print(self.var1 + var3)

    def function2(self):
        # 方法
        print(self.var2)
```

上面的代码中关键字 class 表示类的定义。关键字是预先保留的标识符，每个关键字都有特殊的意思。

判断一个单词是不是关键字可以使用 keyword 模块，如果是，则返回 True，代码如下所示。

```
import keyword
print ("class 是不是关键字",keyword.iskeyword('class'))
```

运行结果如下所示。

```
class 是不是关键字 True
```

类定义语法的解释如下：

（1）ClassName 为类的名字，需要与关键字 class 中间空一格。类名必须首字母大写，定义中的括号是空的就表示从空白创建这个类。

（2）"""类定义""" 为类的注释说明，表明这个类的功能。

（3）以关键字 def 开头的表示函数，但是在类里面称为方法。方法与函数的调用方法不同。函数直接使用，方法必须使用“.”调用。注意，所有以 def 开头的方法前面必须按一下 Tab 键来表示类的代码块，否则不是类里面的一部分。

（4）__init__()方法是类中的特殊方法，init 前后都有两个下画线（记住是两个下画线，并且都是半角状态下的）。该方法的作用是创建类的属性。

（5）在形参列表 self、var1、var2 中，self 是必须要有的，并且放在最前面。当类实例化对象时，自动传入实参 self，它的作用是让对象能访问类中的属性和方法，本质上它是一个指向对象本身的引用。类里面的其他方法也必须有一个 self 参数，才可以访问类的属性。

（6）self.var1、self.var2、self.var3 定义的变量表示该类的属性，可以被类中的所有方法访问，也可以被实例化的对象访问。此类有三个属性，var1、var2 及 var3，其中 var1 与 var2 需要在实例化对象时传入参数，var3 采用默认的值，当然也可以被修改。

（7）方法 function1 与 function2 表示类中的两个方法，也就是该类所具有的行为，可以被对象访问。这些方法也必须有一个 self 参数，才可以访问类里面的属性。方法的名字最好是具有描述意义的单词，比如 describe_user，看到名字就可以知道该方法的功能。

为了解释上面的定义，我们定义一个 People 类，它具有 4 个属性——姓名、地址、职业、年龄（默认值为 18）和 1 个方法——自我介绍。把这 4 个属性放在__init__()方法里，创建一个新的方法，命名为 introduce_you，表示自我介绍，具体代码如下所示。

```
class People():
    """定义人类"""
    def __init__(self,name,location,career):
        self.name = name
        self.location = location
        self.career = career
        self.age = 18 # 默认的属性值，不需要在 init 方法列表中体现

    def introduce_you(self):
        # format()方法的另外一个用法是构造消息。也可以把消息写在一个函数里，有兴趣的读者可以试一下
        introduce = ' Python 实战圈的圈友们好，我是{n},今年{a},来自{l}.我的工作是{c},很高兴认识大家！'
        mess = introduce.format(n=self.name,
                                l = self.location,
                                a = self.age,
                                c = self.career)
        print(mess)
```

7.3.2　创建对象

根据类模板创建对象，也称为实例化。实例化的个数没有限制。

语法：

```
对象名 = 类名(属性参数列表)
```

对象名就是变量名，命名规则与变量名相同，但是首字母必须为小写，因为首字母大写表示类；属性参数列表是类方法__init__()里的，其中 self 自动传递，不需要指定；对象创建成功后就可以访问类中的属性和方法，使用的是句点（.）表示法。

语法：

```
对象名.属性
对象名.方法名字
```

例子：

```
print('实例化对象 小马哥')
little_ma = People('小马哥','北京','软件工程师')
print('对象调用属性采用逗点表示法.')
```

```
    print(f'Python 实战圈的圈友们好，我是{little_ma.name}，来自{little_ma.location}.我的工作是{little_ma.career}，很高兴认识大家！')
    print('')
    print('对象调用方法，也是采用逗号表示法')
    little_ma.introduce_you()

    print('\n实例化另外一个对象 kim')
    kim = People('Kim','上海','数据分析')
    kim.introduce_you()
```

运行结果如下所示。

```
实例化对象 小马哥
对象调用属性采用逗点表示法.
Python 实战圈的圈友们好，我是小马哥，来自北京。我的工作是软件工程，很高兴认识大家！

对象调用方法，也是采用逗号表示法
 Python 实战圈的圈友们好，我是小马哥，今年 18，来自北京。我的工作是软件工程师，很高兴认识大家！

实例化另外一个对象 kim
 Python 实战圈的圈友们好，我是 Kim，今年 18，来自上海。我的工作是数据分析，很高兴认识大家！
```

修改属性的值：实例化对象以后，其属性值有两种修改方法。

- 第一种是对通过实例（对象）直接修改。

```
语法是
对象.属性=新的值
```

- 第二种是在类中写方法修改想要修改的属性。

在 People 类中添加两个方法：read_age()用来获取年龄；update_age()用来更新年龄。

```
class People():
    """定义人 类"""
    --- 忽略之前的内容 ---
    def read_age (self):
        #读取年龄属性
        print('{}今年{}岁'.format(self.name,self.age))

    def update_age(self,new_age):
        # 更新属性的方法
        if new_age < 0:
            print('年龄不能为负数')
        else:
            self.age = new_age
```

例如，把小马哥的年龄从 18 岁改为 33 岁，把职业改为数据分析师，最后试着把小马哥的年龄改为-1 岁，代码如下所示。

```
'''
        两种方法修改属性的值：
        1.通过对象（实例）修改
        2.通过方法修改

'''
# 通过对象修改
little_ma.age = 31
little_ma.read_age()

little_ma.career='数据分析师'
print('{} 的新职业是{}'.format(little_ma.name,little_ma.career))

# 通过方法修改
little_ma.update_age(33)
little_ma.read_age()
little_ma.update_age(-1)
little_ma.read_age()
```

运行结果如下所示，改为-1 岁时程序会提示年龄不能为负。

```
小马哥今年 31 岁
小马哥  的新职业是数据分析师
小马哥今年 33 岁
年龄不能为负数
小马哥今年 33 岁
```

7.4 继承

在 Python 语言中，继承是一个类继承另一个类的所有属性和方法，其中继承的类为子类，被继承类为父类。子类虽然继承了父类中的所有属性和方法，但是还可以有自己的属性和方法。

继承语法如下所示。

```
class Father:
"""父类定义"""
    def __init__(self,var1,var2):
        """父类的属性"""
        self.var1= var1
        self.var2=var2

    def funtion1(self):
```

```
        """父类的方法"""

        print(f"{self.var1}")

class Child(Father):
    """子类定义"""
    def __init__(self,var1,var2):
        """定义子类属性（父类的+子类的）"""
        super().__init__(var1,var2) # 父类的属性
        self.var3= 1 # 子类的属性

    def funtion1(self):
        """子类的方法，可以重写父类的方法"""
        print(f"{self.var3}")

    def funtion2(self,var4):
        """定义子类自己的方法"""
        self.var3 = var4
        print("New var3 is ",self.var3)
```

继承语法的解释如下所示。

（1）定义父类 Father 具有属性 var1 和 var2，并且有方法 funtion1。父类必须在子类的前面，并且父类和子类在一个文件中。

（2）定义子类 Child。

- 括号中必须指定父类的名字，以冒号结尾。
- 三个 def 组成的类代码块必须缩进，否则不是子类的一部分。可以定义多个方法，方法数量没有限制。
- 第一个方法是定义子类的属性，包括了父类的属性和自己的属性。
- 父类的属性使用特殊的函数 super()，将父类与子类关联起来。super()函数调用父类的__init__方法，让子类包含父类的属性。
- 子类通过 self.var3 定义自己的属性，var3 可以是任意的变量名字，但是必须符合变量命名规则。
- 第二个方法和父类是一样的方法，称为重写父类的方法。因为当父类的方法不能满足子类的要求时，子类可以重新写父类的方法。
- 第三个方法是子类独特的方法。

定义会员类 Member，继承类父类 People，代码如下所示。

```
"""
    定义会员类 Member，继承类父类 People
    会员类，有自己的属性 introduction
"""
```

```
class Member(People):
    """会员类，继承父类"""
    def __init__(self,name,location,career,hope):
        super().__init__(name,location,career)
        self.hope = hope

    def introduce_you(self):
        """ 重写父类的方法"""
        introduce = ' Python 实战圈的圈友们好,我是{n},今年{a},来自{l}。
我的工作是{c}，很高兴认识大家！在咱们圈子里，我希望自己能 {h}。'
        mess = introduce.format(n=self.name,
                                l=self.location,
                                a=self.age,
                                c=self.career,
                                h=self.hope
                                )
        print(mess)

    def set_hope(self, hope):
        """定义子类的方法"""
        self.hope = hope
        print("{}的希望是{}".format(self.name,self.hope))



Grace = Member("Grace","上海",'数据分析','彻底学会 Python')
Grace.update_age(19) # 调用父类的方法
Grace.introduce_you()# 调用自己重写的方法
```

运行结果如下所示。

```
Python 实战圈的圈友们好，我是 Grace，今年 19，来自上海。我的工作是数据分析，
很高兴认识大家！在咱们圈子里，我希望自己能彻底学会 Python。
```

7.5 导入类

在 Python 中，类可以被存放在模块中，然后在主程序中直接调用。也就是把类定义单独放在一个文件或模块中，然后通过语法为“import 类名或者 from 模块名字 import 类名”方法调用。举个例子，把父类 People 和子类 Member 单独放在文件 people.py 中，主函数 main_people.py 通过 from 的形式调用。还是上面的例子，圈友 Grace 的自我介绍放在主函数 main_people.py()中，作为一个单独的文件使用。运行结果与上面一致。此方法的主要目的是简化主程序的逻辑，不需要考虑类的定义，使得我们的注意力可以放在主程序的逻辑而不是定义类上。

文件 people.py 如下所示。

```
"""
```

```
    定义会员类Member，继承类父类 People
    会员类，有自己的属性 introduction
"""


class Member(People):
    """会员类Member，继承父类"""
    def __init__(self,name,location,career,hope):
        super().__init__(name,location,career)
        self.hope = hope

    def introduce_you(self):
        """ 重写父类的方法"""
        introduce = ' Python 实战圈的圈友们好,我是{n},今年{a},来自{l}。
我的工作是{c}，很高兴认识大家！在咱们圈子里，我希望自己能 {h}。'
        mess = introduce.format(n=self.name,
                                l=self.location,
                                a=self.age,
                                c=self.career,
                                h=self.hope
                                )
        print(mess)

    def set_hope(self, hope):
        """定义子类的方法"""
        self.hope = hope
        print("{}的希望是{}".format(self.name,self.hope))
```

文件 main_people.py 如下所示。

```
"""
    主程序用来调用模块文件中的类
"""
from people import *
#把 people 文件中的类都倒入到此文件中
"""
    继承的例子
"""
Grace = Member("Grace","上海",'数据分析','彻底学会 Python')
Grace.update_age(19)
Grace.introduce_you()
```

运行结果如下所示。

```
    Python 实战圈的圈友们好，我是 Grace，今年 19，来自上海。我的工作是数据分析，
很高兴认识大家！在咱们圈子里，我希望自己能彻底学会 Python。
```

7.6 Python 库

Python 中的库分为标准库和第三方库（模块）两类。Python 拥有一个强大的标准库。Python 语言的核心只包含数字、字符串、列表、字典、文件等常见类型和函数，而 Python 标准库提供了系统管理、网络通信、文本处理、图形系统、XML 处理等额外的功能。

Python 社区提供了大量的第三方库，一般需要单独安装。

著名第三方库有三个。

- Django 是开源的 Web 开发框架，它鼓励快速开发，并遵循 MVC 设计，开发周期短。
- matplotlib 是用 Python 实现的类 MATLAB 的第三方库，用以绘制一些高质量的数学二维图形。
- NumPy 是基于 Python 的科学计算第三方库，提供了矩阵、线性代数、傅里叶变换等的解决方案。

7.7 类编码风格

类名应采用驼峰命名法，即将类名中的每个单词的首字母都大写，而不使用下画线。实例名和模块名都采用小写格式，并在单词之间加上下画线。每个类都应紧跟在类定义后面，并包含一个文档字符串。这种文档字符串简要地描述类的功能，并遵循编写函数的文档字符串时采用的格式约定。每个模块也都应包含一个文档字符串，对其中的类可用于做什么进行描述。可使用空行来组织代码，但不要滥用。

在类中，可使用一个空行来分隔方法；而在模块中，可使用两个空行来分隔类。当需要同时导入标准库中的模块和编写的模块时，先编写导入标准库模块的 import 语句，再添加一个空行，然后编写导入自己编写的模块的 import 语句。在包含多条 import 语句的程序中，这种做法让人更容易明白程序使用的各个模块都来自何方。

7.8 项目练习：运用面向对象程序设计方法设计餐馆系统

7.8.1 项目概述

假如你是一家餐馆的老板，想开发一个信息系统。创建一个餐馆类（名字自取），它有以下属性：餐馆名字、类型，营业时间是 8 点到 22 点，用餐人数。它有两个方法，一个是打印出餐馆的名字和类型，另外一个是指出餐馆的营业时间，正在营业或者休息。定义方法打印出有多少人来用餐；修改用餐人数，只能增加不能减少。

后来，你的朋友小明，看你赚钱了，想开一家火锅店。请为他设计一个类，并添加火锅类型的属性（四川火锅、重庆火锅或者小火锅等）。小明不仅想统计用餐人数，还想统计员工人数。有员工离职则减少人数，有员工入职则增加人数。

最后请用文件的形式保存类，将其导入主程序。

7.8.2 项目解析

根据项目描述，我们首先创建定义类的文件，命名为 restaurant.py。该文件里面定义了两个类，一个是父类 Restaurant，另一个是子类 XMRestaurant。注意：类名的首字母一定要大写。

在父类中，我们分别定义属性：餐馆名字、类型，营业时间默认为 8 点，用餐人数。还定义以下方法。

- 打印出餐馆的名字和类型。
- 指出餐馆的营业时间，正在营业还是休息。
- 打印出有多少人来用餐。
- 修改用餐人数，只能递增不能减少。

在子类中，我们分别定义属性：自己独有的属性（火锅类型以及员工数）和父类属性。还定义以下方法。

- 重写父类的餐馆信息获取方法。
- 更新员工人数。

然后，我们创建主程序，用来测试定义的类是否正确。创建一个餐馆类的实例“重庆小面面馆”，打印出餐馆的名称及营业时间。根据子类，创建实例“小明四川火锅”，打印餐馆名称并更新员工人数。

7.8.3 源代码实现

restaurant.py 文件

```
class Restaurant:
    """ 餐馆类 """
    def __init__(self, resName, resStyle, eatingPeople):
        # 定义属性：餐馆名字和类型，营业时间默认 8 点，用餐人数
        self.resName = resName
        self.resStyle = resStyle
        self.eatingPeople = eatingPeople
        self.workingTime = '08:00-22:00'

    def get_resInfo(self):
        # 定义方法：第一个打印出餐馆的名字和类型
        print(' 欢 迎 在 ' + self.resName + self.resStyle + ' 就 餐
\n', )
```

```
        def get_resWorkingTime(self, timeNow):
            # 定义方法：指出餐馆的营业时间，已经正在营业还是休息
            print('本店营业时间为：' + self.workingTime)

            if 8 < timeNow < 22:
                print(f'当前时间是{timeNow}，餐馆正在营业！')
            else:
                print(f'当前时间是{timeNow}，餐馆已经休息了！')

        def get_eatingPeople(self):
            # 定义方法：打印出有多少人来用餐
            print('就餐人数为：' + str(self.eatingPeople))

        def change_eatingPeople(self, eatingNum):
            # 定义方法：修改用餐人数，只能递增不能减少
            if eatingNum > self.eatingPeople:
                self.eatingPeople = eatingNum
                print('当前就餐人数修改为：' + str(self.eatingPeople))
            else:
                print(f'由于{eatingNum} < {self.eatingPeople},用餐人数
不可以修改，'
                      f' 请 输 入 正 确 的 用 餐 人 数 ( 必 须 大 于 ) {self.
eatingPeople}')


    class XMRestaurant(Restaurant):
        """ 定义火锅子类，继承父类 Restaurant """

def __init__(self, resName, resStyle, eatingPeople, huoguoStyle,
employeeNum):
            # 定义自己独有的属性及父类属性
            super().__init__(resName, resStyle, eatingPeople)
            self.huoguoStyle = huoguoStyle
            self.employeeNum = employeeNum

        def get_resInfo(self):
            # 重写父类的餐馆信息获取方法
            print(' 欢 迎 在 ' + self.resName + self.huoguoStyle+self.
restyle + '就餐\n', )

        def update_employeeNum(self, update_employeeNum):
```

```
            # 更新员工人数
            if update_employeeNum < 0:
                # 小于 0，表示离职

self.employeeNum = self.employeeNum + update_employeeNum
                print('离职人数为：' + str(abs(update_employeeNum)) + '
人。 员工总人数修改为：' + str(self.employeeNum))

            else:
                # 表示入职

self.employeeNum = self.employeeNum + update_employeeNum
                print('入职人数为：' + str(abs(update_employeeNum)) + '
人。 员工总人数修改为：' + str(self.employeeNum))
```

主程序：main_restaurant.py 文件

```
# -*- coding: utf-8 -*-
import restaurant
import datetime

my_res1 = restaurant.Restaurant('重庆小面', '面馆', 10)
my_res1.get_resInfo()

# 给出固定的时间 9 点和 23 点，测试是否营业
my_res1.get_resWorkingTime(9)
my_res1.get_resWorkingTime(23)
print()

#获取当前时间
now_time = datetime.datetime.now()

print(f"当前时间为{now_time}")
my_res1.get_resWorkingTime(now_time.hour)

print()
my_res1.get_eatingPeople()
my_res1.change_eatingPeople(12)
my_res1.change_eatingPeople(10)

print()
my_res = restaurant.XMRestaurant('小明', '火锅', 10, '四川', 10)
my_res.get_resInfo()
# 正数表示有人入职
my_res.update_employeeNum(1)
```

```
# 负数表示离职
my_res.update_employeeNum(-1)
```

运行结果如下所示。

```
结果为：
欢迎在重庆小面面馆就餐

本店营业时间为：08:00-22:00
当前时间是 9，餐馆正在营业！
本店营业时间为：08:00-22:00
当前时间是 23，餐馆已经休息了！

当前时间为 2018-10-01 18:26:48.729883
本店营业时间为：08:00-22:00
当前时间是 18，餐馆正在营业！

就餐人数为：10
当前就餐人数修改为：12
由于 10 < 12,用餐人数不可以修改， 请输入正确的用餐人数（必须大于）12

欢迎在小明四川火锅就餐

入职人数为：1 人。 员工总人数修改为：11
离职人数为：1 人。 员工总人数修改为：10
```

第 8 章

Python 项目实战

8.1 项目实战 1：运用第三方库设计微信聊天机器人

8.1.1 项目目的

此项目的目的是为了让大家了解如何快速熟悉第三方库。本项目以 Wxpy 库为例，从安装到项目实践，手把手带领大家熟悉 Wxpy 库。Python 中的其他库也可以安装此方法学习。

8.1.2 Wxpy 库介绍

Wxpy 在 itchat 的基础上，通过大量接口优化提升了模块的易用性，并进行了丰富的功能扩展。微信聊天机器是使用 Wxpy 库搭建而成的。

1. 使用 Wxpy 库的一些常见场景

（1）控制路由器、智能家居等具有开放接口的物品。

（2）跑脚本时自动把日志发送到你的微信中。

（3）加群主为好友时，可以自动把用户拉进群中。

（4）充当各种信息查询。

（5）转发消息。

总而言之，可用来实现微信个人号的各种自动化操作。

2．安装 Wxpy 库

安装 Wxpy 库非常简单，如果有 pip，那么请直接按照 GitHub 中的方法安装；从 PyPi 官方下载安装（在国内可能比较慢或不稳定）。其他第三方库也可以直接使用 pip 安装。

```
pip3 install -U wxpy
```

从豆瓣 PyPi 镜像源（https://pypi.doubanio.com/simple/）下载安装，推荐国内用户选用这一方法。

```
pip install -U wxpy -i
```

除了上面介绍的命令行安装方法，我们也可以用 PyCharm 软件直接安装（以 mac OS 系统为例），具体方法如下所示。

打开 PyCharm 软件，单击“PyCharm→Preferences→Project（你的项目名称）→Project Interpreter”打开安装界面，如图 8-1 所示。

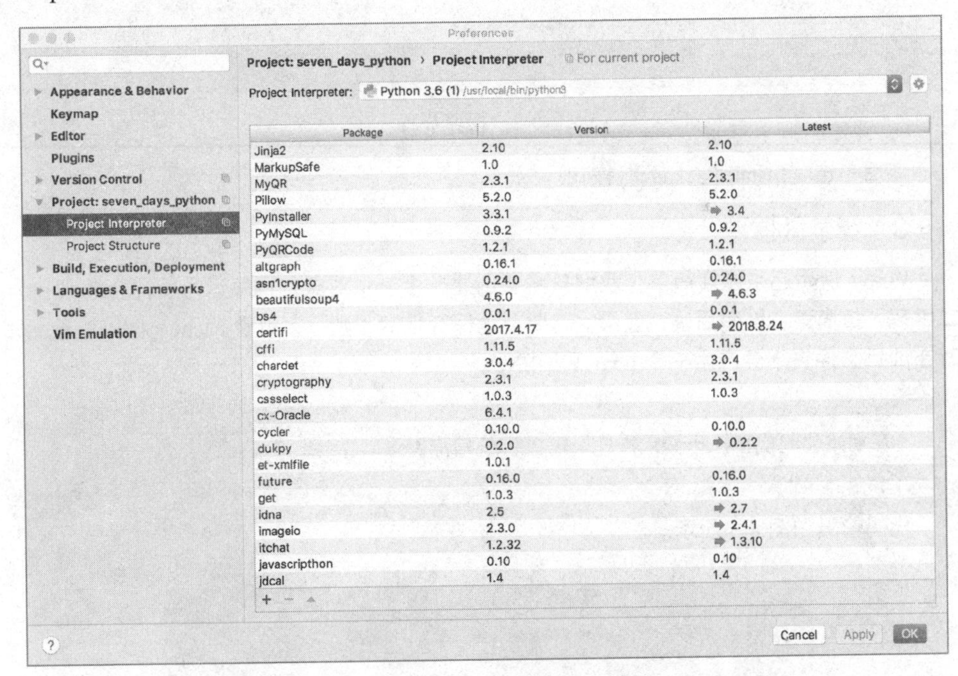

图 8-1　安装界面

单击图 8-1 中的“+”按钮，打开如图 8-2 所示界面，然后搜索“wxpy”。

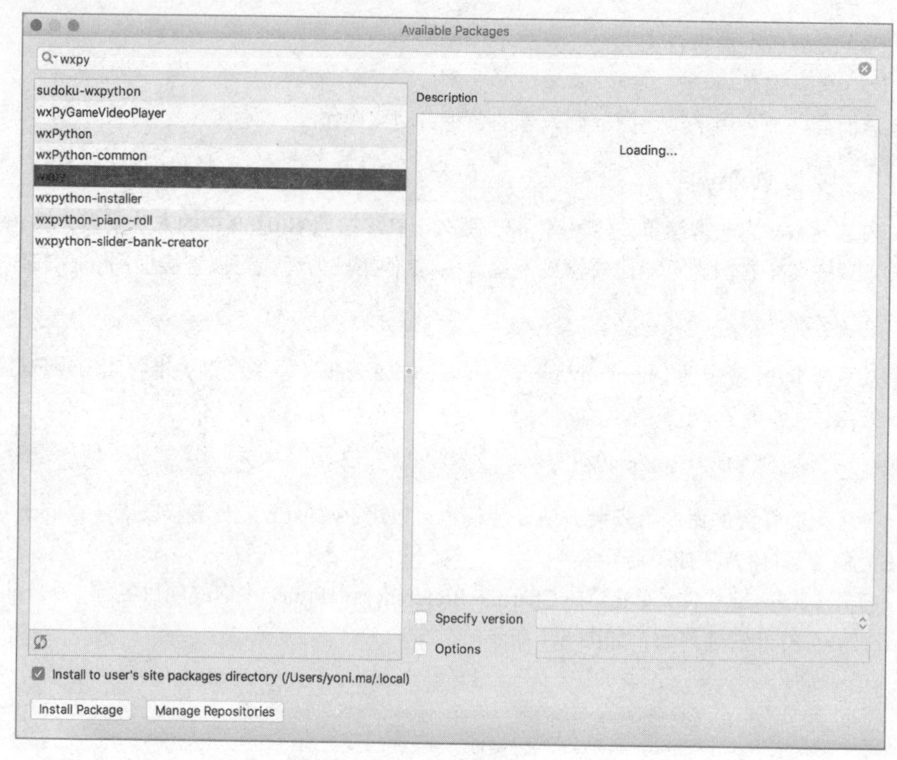

图 8-2　搜索界面

最后单击“Install Package”按钮。

3. 登录微信

Wxpy 使用起来非常简单，我们只需要创建一个 bot 对象，程序运行后，会弹出一个二维码，扫描该二维码后确认登录。若要自动保存信息，则可以设置 cache_path=True，同时在项目文件夹下会产生一个 wxpy.pkl 文件。

```
from wxpy import *
#在初始化时便会执行登录操作，需要手机扫描登录。
bot = Bot()
```

代码输出如图 8-3 所示。

```
Getting uuid of QR code.
Downloading QR code.
Please scan the QR code to log in.
Please press confirm on your phone.
Loading the contact, this may take a little while.
Login successfully as BMWH
<class 'wxpy.api.chats.chats.Chats'>
```

图 8-3　代码输出

8.1.3　指定聊天对象

你可以使用聊天机器人与某个人聊天。

例如，找到微信名为“冯彬”的好友，然后对他说：“亲，在干吗呢”，并且自动回复“嗯，收到你的消息了。”

```
'''
指定聊天对象
'''
# 指定聊天对象，并发送你想说的话
# 还可以发送图片、视频、文件或者动图等

my_friend = bot.friends().search('冯彬')[0]
#found = ensure_one(my_friend) //确保找到的是唯一的一个名字，避免重复
my_friend.send("亲，在干吗呢")

@bot.register(my_friend)
def reply_my_friend(msg):
    return '{} ，收到你的消息了'.format(msg.text, msg.type)

'''
指定聊天对象，聊天机器人拒绝回复他的消息
'''
ignore_friend = bot.friends().search('冯彬')[0]
@bot.register(ignore_friend)
def ignore(msg):
    return
```

微信效果如图 8-4 所示。

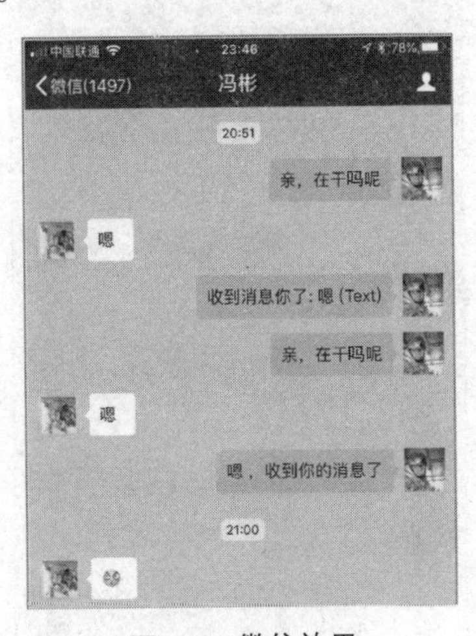

图 8-4　微信效果

8.1.4 聊天机器人

好友或者微信群太多，回复不过来怎么办？用聊天机器人一键回复所有人的消息，并且能并行执行。自动聊天机器人是在图灵机器人的基础上，进行二次开发实现。因为图灵机器人已经很智能了，可以回答很多问题，比如当地的天气、名词解释等。我们可以在图灵网站注册账号，创建自己的机器人。比如创建一个名叫“我的机器人”的自动聊天机器人，用于与所有人进行聊天。

```
#与所有人自动聊天
def auto_replay(text):
    url = "http://www.tuling123.com/openapi/api"
    api_key ="你注册的api key"
    payload = {
            "key":api_key,
            "info":text,
            "userid":"123456"
            }
    r = requests.post(url,data=json.dumps(payload))
    result = json.loads(r.content)
    return  "你好"+result["text"]

@bot.register()
def print_message(msg):
    print(msg.text)
    return auto_replay(msg.text)
```

创建图灵机器人自动聊天的效果如图 8-5 所示。

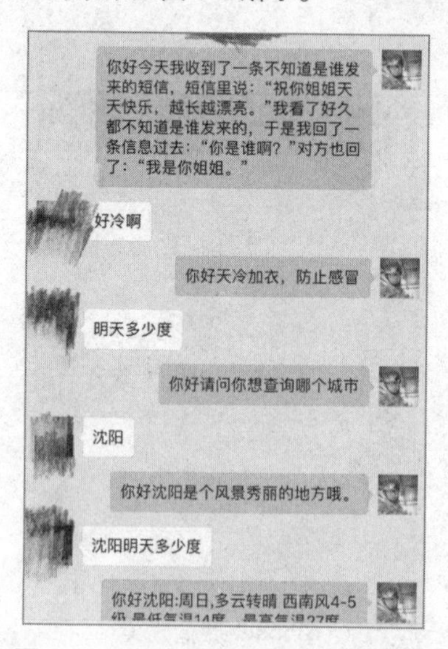

图 8-5 图灵机器人自动聊天的效果

8.2 项目实战 2：开发简化版《阴阳师》游戏

8.2.1 项目描述

《阴阳师》是由中国网易移动游戏公司自主研发的 3D 日式和风回合制 RPG 手游。本项目是它的简化版，只保留游戏中的人物和场景。

游戏人物是 SSR、SR 及 R 游戏人物。

- 大天狗，男、式神：是、主人：黑晴明、攻击力 3136，生命值 10026。
- 雪女，女、式神：是、主人：黑晴明、攻击力 3048，生命值 10634。
- 九命猫，女、式神：否、主人：黑晴明、攻击力 2968，生命值 9905。

游戏场景有两个。

- 阴界裂缝，消耗 220 攻击力、2000 生命值。
- 鬼王封印，消耗 3100 攻击力、3000 生命值。

每个游戏人物可以在不同的游戏场景中战斗。如果攻击力或生命值小于场景中的值，则需要回城恢复原来的攻击力和生命值。

8.2.2 项目解析

现在开始开发游戏简化版《阴阳师》。首先创建一个空的 Pygame 工程，用来保存所有的游戏文件代码。

开始设计游戏之前，我们需要认真阅读项目描述，把一个大的功能拆分为多个小功能。根据项目描述，我们需要设计一个简化版《阴阳师》，可以把该游戏拆解为 5 个功能：欢迎界面、设计游戏人物、介绍游戏场景、开始游戏及判断是否进入下一轮。

8.2.3 欢迎界面

首先，我们设置一个欢迎界面，创建一个 main_yinyangshi.py 文件作为主程序。整个游戏结构如下所示。

main_yinyangshi.py 文件

```
# -*- coding: utf-8 -*-
"""
    项目名字：  简化版《阴阳师》
    项目功能：  欢迎界面

"""
# 开始游戏
while True :

    print('++++++++++++++++++++')
    print()
```

```
        print('欢迎进入《阴阳师》游戏世界')
        print()
        print('++++++++++++++++++++')
        print()
        print()
        time.sleep(2)
```

上述代码中，我们使用注释给出项目说明：项目名字和项目功能。此处只有一个功能欢迎界面。由于游戏需要一直玩下去，因此使用 while 构造一个死循环，让程序一直运行下去。然后使用 print()函数构造游戏欢迎界面。进入欢迎界面以后，我们让它停留 2 秒再进入其他功能。导入 time 库，然后调用 sleep()函数完成该功能。运行后的结果如下所示。

```
++++++++++++++++++++

欢迎进入《阴阳师》游戏世界

++++++++++++++++++++
```

但是，随着程序功能的增加，主程序会变得非常长，不方便管理。我们采用重构代码的方法，使程序简化。对于欢迎界面，我们构造一个新的函数 welcome()来完成该功能，然后把该函数放在一个新的文件中，命名为 game_select.py。新模块的出现可以缩短主程序 main_yinyangshi.py 的长度，并使代码逻辑更容易理解。重构后的代码如下所示。

```
def welcome():
    """
        欢迎界面
    :return:
    """
    print('++++++++++++++++++++')
    print()
    print('欢迎进入《阴阳师》游戏世界')
    print()
    print('++++++++++++++++++++')
```

创建新的文件 game_select.py，然后创建函数 welcome()，并给出函数功能说明。其代码是 main_yinyangshi.py 中的所有 print()函数。我们在主程序 main_yinyangshi.py 中导入新模块，并且重命名为 gs。在主程序中，我们调用 gs 中的 welcom()函数。运行此程序，可以得到与代码重构前一样的功能。

```
"""
    项目名字：  简化版《阴阳师》
    项目功能：  欢迎界面

"""
import time
import game_select as gs

# 开始游戏
```

```
while True :
    # 游戏欢迎界面
    gs.welcome()
    time.sleep(2)
```

8.2.4 设计游戏人物

1. 源代码实现

根据项目描述，该游戏需要设计 3 个游戏人物。每个游戏人物都有共同的属性：姓名、性别、是否是式神、主人是谁、攻击力及生命值。根据自己的喜好，程序还可以添加其他游戏人物。基于以上分析，我们采用类来实现该功能，把每一个游戏人物当作一个对象。类的属性就是每一个游戏的属性；类的方法就是描述游戏人物信息。

首先，创建存放类的文件 yinyangshi.py。然后创建类 Yinyangshi，包括 6 个游戏人物属性 name、gender、shishen、boss、attack、life，以及描述游戏人物的方法 get_information()。在方法 get_information()中用字符串格式化方法 format()格式化输出游戏人物介绍信息。

```
class Yinyangshi:
    """
        定义阴阳师类:
        包括阴阳师人物（属性）和游戏场景（方法）
    """

def __init__(self,name, gender, shishen, boss, attack, life):
        ''' 定义属性：游戏人物的属性 '''
        self.name = name
        self.gender = gender
        self.shishen = shishen
        self.boss = boss
        self.attack = attack
        self.life = life

    def get_information(self):
        """
            描述游戏人物信息
        :return:
        """
        # print('《阴阳师》人物介绍')
        information = '  {n}, {g}、式神:{s}、主人：{b}、攻击力{a}、生
命值{l}'
        mess = information.format(n = self.name,
                                  g = self.gender,
                                  s = self.shishen,
                                  b = self.boss,
                                  a = self.attack,
                                  l = self.life)
        print(mess)
```

在主程序 main_yinyangshi.py 中，我们创建 3 个对象：datiangou、xuenv 及 nimingbao，并且打印其信息。

```
import time
import game_select as gs
from yinyangshi import *

# 创建游戏人物
datiangou = Yinyangshi('大天狗', '男', '是', '黑晴明', 3136, 10026)
xuenv = Yinyangshi('雪女', '女', '是', '黑晴明', 3048, 10634)
niumingbao = Yinyangshi('九命猫', '女', '否', '黑晴明', 2698, 9905)

# 开始游戏
while True :
        --- 忽略之前内容 ----
    print('阴阳师人物介绍')
    datiangou.get_information()
    xuenv.get_information()
    niumingbao.get_information()
```

运行结果如下所示。

```
阴阳师人物介绍:
  大天狗，男、式神:是、主人: 黑晴明、攻击力 3136、生命值 10026
  雪女，女、式神:是、主人: 黑晴明、攻击力 3048、生命值 10634
  九命猫，女、式神:否、主人: 黑晴明、攻击力 2698、生命值 9905
```

2. 重构代码

为了主程序更加简洁，我们重构此部分代码为函数 introduction_game_character()。然后，添加一个函数实现游戏人物选择界面，让玩家选择三个人物之一进行战斗，命名为 please_select_game_character()。这两个函数都放在文件 game_select.py 中，从而简化主程序。

```
from yinyangshi import *
# 创建游戏人物
datiangou = Yinyangshi('大天狗', '男', '是', '黑晴明', 3136, 10026)
xuenv = Yinyangshi('雪女', '女', '是', '黑晴明', 3048, 10634)
niumingbao = Yinyangshi('九命猫', '女', '否', '黑晴明', 2698, 9905)

        --- 忽略之前的内容 ---

def introduction_game_character():
    """
        游戏人物介绍
    :return:
    """
```

```
    print('《阴阳师》人物介绍')
    datiangou.get_information()
    xuenv.get_information()
    niumingbao.get_information()


def please_select_game_character():
    """
        选择人物界面
    :return:
    """
    print()
    print('--------------------')
    print('请根据游戏人物介绍，选择喜欢的人物')
    print('1 大天狗')
    print('2 雪女')
    print('3 九命猫')
```

简化后的主程序 main_yinyangshi.py 如下所示。

```
import time
import game_select as gs

# 开始游戏
while True :
    # 游戏欢迎界面
    gs.welcome()
     time.sleep(3)

    # 游戏人物介绍
    gs.introduction_game_character()
    gs.please_select_game_character()
```

运行结果如下所示。

```
++++++++++++++++++++

欢迎进入阴阳师游戏世界

++++++++++++++++++++
阴阳师人物介绍
  大天狗，男、式神:是、主人：黑晴明、攻击力 3136、生命值 10026
  雪女，女、式神:是、主人：黑晴明、攻击力 3048、生命值 10634
  九命猫，女、式神:否、主人：黑晴明、攻击力 2698、生命值 9905

--------------------
请根据游戏人物介绍，选择喜欢的人物
```

```
1 大天狗
2 雪女
3 九命猫
```

3. 设计选择功能

为了让玩家可以选择人物，我们在模块 game_select.py 中添加具有选择功能的函数 select_figure()。该函数接收用户输入的参数值，然后使用 if-elif-else 语句判断选择的人物信息。如果输入的数值不是 1、2 或者 3，则提醒玩家输入正确的数字。在每个游戏人物判断语句中，我们使用 print()函数打印出选择的游戏人物，调用每个游戏人物的 get_information()方法来打印具体的信息。

同时在主程序中，我们可以直接使用该函数。首先使用 input()函数让玩家输入选择的人物，注意类型转换为 int。然后传递给选择函数 select_figure()。

```
--- 忽略之前的内容 ---
def select_figure(value):
    if value == 1:
        print()
        print('你选择的游戏人物是')
        datiangou.get_information()
        print()
        return datiangou
    elif value == 2:
        print()
        print('你选择的游戏人物是')
        xuenv.get_information()
        print()
        return xuenv
    elif value == 3:
        print()
        print('你选择的游戏人物是')
        niumingbao.get_information()
        print()
        return niumingbao
    else:
        print('请输入正确的选择数字')
```

加入选择游戏人物的主程序 main_yinyangshi.py 如下所示。

```
"""
    项目名字： 简化版阴阳师
    项目功能： 欢迎界面

"""
import time
import game_select as gs
```

```
# 开始游戏
while True :
    --- 忽略之前的内容 ---
    # 选择游戏人物
    input_figure = int(input('请输入你使用的游戏人物'))
    game_figure = gs.select_figure(input_figure)
    time.sleep(2)
```

运行结果如下所示。

```
请输入你使用的游戏人物 2

你选择的游戏人物是
  雪女，女、式神:是、主人：黑晴明、攻击力 3048、生命值 10634
```

8.2.5 介绍游戏场景

根据项目描述，玩家可以使用不同的游戏人物在任意两个游戏场景中战斗，并且当游戏人物的攻击力或生命值小于场景中的值时，则需要回城，恢复原来的攻击力和生命值。我们需要在主程序 main_yinyangshi.py 中说明此规则，用 print()函数实现。每个游戏场景给一个编号，比如 4 和 5 分别代表阴界裂缝和鬼王封印。然后主程序暂停 2 秒，使得玩家可以看清楚规则介绍，进而选择自己喜爱的游戏场景。

```
--- 忽略之前的内容 ---
# 开始游戏
while True :
    --- 忽略之前的内容 ---
        # 游戏场景介绍及选择
        print()
        print("你将进入游戏场景选择\n")
        print("此版本《阴阳师》共设置了两个游戏场景")

        print(" 阴界裂缝，消耗 220 攻击力、2000  生命值")
        print(" 鬼王封印，消耗 3100 攻击力、3000  生命值")

        print(" 在每一个场景里，如果生命值或者攻击力没有这么多，则失败")
        print(" 回城恢复原来的攻击力和生命值")

        print()
        print("===================")
        print('请选择游戏场景')
        print('4 阴界裂缝')
        print('5 鬼王封印')
        print("===================")
```

```
        # 请用户输入选择的游戏场景的编号
        time.sleep(2)
        select_game = int(input('请输入你要进入的游戏场景'))
```

多个 print()函数在一起使得主函数变长，并且逻辑不清。我们把该部分代码重构为两个函数 introduction_game_scene()和 please_select_scene()，并且放入 game_select.py 模块中。

```
def please_select_scene():
    """
        游戏场景
        :return:
    """
    print()
    print("====================")
    print('请选择游戏场景')
    print('4 阴界裂缝')
    print('5 鬼王封印')
    print("====================")

def introduction_game_scene():
    """
        介绍游戏场景
    :return:
    """
    print()
    print("你将进入游戏场景选择\n")
    print("此版本《阴阳师》共设置两个游戏场景")

    print(" 阴界裂缝，消耗 220 攻击力、2000 生命值")
    print(" 鬼王封印，消耗 3100 攻击力、3000 生命值")

    print(" 在每一个场景里，如果生命值或者攻击力没有这么多，则失败")
    print(" 回城恢复原来的攻击力和生命值")
```

在主程序中，我们只需要调用该函数即可。这样的设计便于管理，也使其逻辑清晰。

```
--- 忽略之前的内容 ---
# 开始游戏
while True :
    --- 忽略之前的内容 ---
    # 游戏场景介绍以及选择
    gs.introduction_game_scene()
    gs.please_select_scene()
    # 请用户输入选择的游戏场景
    time.sleep(2)
    select_game = int(input('请输入你要进入的游戏场景'))
```

运行结果如下所示。

```
你将进入游戏场景选择

此版本《阴阳师》共设置两个游戏场景
 阴界裂缝，消耗 220 攻击力、2000  生命值
 鬼王封印，消耗 3100 攻击力、3000  生命值
 在每一个场景里，如果生命值或者攻击力没有这么多，则失败
 回城恢复原来的攻击力和生命值

====================
请选择游戏场景
4 阴界裂缝
5 鬼王封印
====================
请输入你要进入的游戏场景 4
```

8.2.6　开始游戏

根据游戏规则可知，每个游戏人物可以进入不同的游戏场景。每个游戏人物是 Yinyangshi 类的对象；不同的游戏场景可以看成一个对象的方法。

因此，在 Yinyangshi 类中，我们添加一个方法 game_scene()完成该功能。该方法接受 3 个参数，游戏场景名字（name）、场景中的攻击力（consume_attack）及生命值（consume_life）。首先使用 print()函数显示出你已经进入（游戏场景名字）战场，敌人还有 5 秒到达战场，并且给出开始提示。在 yinyangshi.py 中导入 time 库，我们使用该模块中的 sleep(5)实现。然后，使用 if-else 结构判断游戏人物所剩的攻击力或者生命值是否小于游戏场景中要求的值。如果满足，那么游戏人物需要回程恢复攻击力或生命值才可以接着战斗；如果不满足，则游戏人物的对应值需要减少。

当游戏人物回城时，我们设计了一个单独的方法 return_home()来实现，这样设计是为了简化 game_scene()方法的逻辑，使其更加清晰。在回城的方法中，我们使用对象的属性 attack_init 和 life_init 来恢复原来的值。我们需要在类的__init__方法中添加这两个属性。

```
import time


class Yinyangshi:
    """
        定义阴阳师类：
        包括阴阳师人物（属性）和游戏场景（方法）
    """

def __init__(self,name, gender, shishen, boss, attack, life):
```

```
        ''' 定义属性：游戏人物的属性 '''
        self.name = name
        self.gender = gender
        self.shishen = shishen
        self.boss = boss
        self.attack = attack
        self.life = life

        # 添加两个新的属性，保存最初的生命值和攻击力
        self.attack_init = attack
        self.life_init = life

    def game_scene(self, name,  consume_attack, consume_life):
        """
            定义方法：游戏场景
        :return:
        """
        print()
        print(f'你已经进入{name} 战场')
        print("敌人还有 5 秒达到战场")
        time.sleep(2)
        print(f'开始{name}游戏')
        print()

if self.attack < consume_attack or self.life < consume_life:
            print('你的生命值或者攻击力已耗尽')
            print('    游戏失败！请回城!!!!!!!!   ')
            self.return_home()
        else:
            self.attack = int(self.attack) - int(consume_attack)
            self.life = self.life - consume_life
            print(f'恭喜你成功通过{name}！')
            print(f'目前攻击力为{self.attack}、生命值为{self.life}')

    def return_home(self):
        """
            回城
        :return:
        """
        information = '{n}已回城，恢复攻击力{a}、生命值{l}'
        self.attack = self.attack_init
        self.life = self.life_init
        mess = information.format(n=self.name,
                                  a=self.attack,
                                  l=self.life)
        print(mess)
```

接下来设计开始游戏。根据代码重构思想，我们直接在主程序中添加函数 enter_scene()实现该功能。该函数放在文件 game_select.py 中，并且接受两个参数，分布是玩家选择的游戏人物及游戏场景。

主程序如下所示。

```
--- 忽略之前的内容 ---

# 开始游戏
while True :
--- 忽略之前的内容 ---
# 开始游戏
     gs.enter_scene(game_figure, select_game)
```

在 game_select.py 文件中，我们首先导入 time 库，用来控制暂停时间。然后定义函数 enter_scene()。该函数接受两个参数，并且使用 if-elif 结构判断玩家进入的游戏场景。在每个游戏场景中，我们使用 print()函数打印出玩家使用的哪个游戏人物进入了哪个游戏场景，然后调用游戏人物的方法 game_scene()开始游戏。

模块如下所示。

```
import time
--- 忽略之前的内容 ---
def enter_scene(game_figure, select_game):
    """
        进入游戏场景，开始游戏
    :param game_figure:
    :param select_game:
    :return:
    """
    if select_game == 4:
       print()
       print(F'欢迎 {game_figure.name} 来到阴界裂缝，请开始你的游戏')

       game_figure.game_scene('阴界裂缝', 220, 2000)
       time.sleep(5)

    elif select_game ==5:
       print(f'欢迎{game_figure.name}来到 鬼王封印，请开始你的游戏')
       game_figure.game_scene('鬼王封印', 3100, 3000)
       time.sleep(5)
```

运行结果如下所示。

```
结果为（注意选择的游戏人物和场景不同，得到的结果不同）
欢迎九命猫来到 鬼王封印，请开始你的游戏

你已经进入鬼王封印 战场
```

```
敌人还有五秒达到战场
开始鬼王封印游戏

你的生命值或者攻击力已耗尽
游戏失败！请回城!!!!!!!!!
九命猫已回城，恢复攻击力 2698、生命值 9905
```

8.2.7 判断是否进入下一轮

到此，该游戏已设计完成。由于没有设置退出条件，游戏会一直运行下去。我们在主程序中使用 input()函数让用户根据输入的 Y/N 决定是否继续。如果是 Y，则游戏继续，否则游戏结束。整个流程使用 if-elif 控制。

```
--- 忽略之前的内容 ---

# 开始游戏
while True :
--- 忽略之前的内容 ---
# 是否进入下一轮游戏
    print()
    end_game = input(" 是否接着开始下一次挑战（Y/N）")
    if end_game == 'N':
        print()
        print("游戏结束！")
        break
    elif end_game == 'Y':
        print()
        print("接着开始")
```

运行结果如下所示。

```
是否接着开始下一次挑战（Y/N）N

游戏结束!
```

8.2.8 项目总结

本章综合使用了前七章的内容，使你不但复习了前面的基础内容，还学习了如何把一个大的问题拆分为多个小问题。此项目被分成了 5 个小的功能：欢迎界面、设计游戏人物、介绍游戏场景、开始游戏及判断是否进行下一轮。在每个小功能中，我们使用代码重构的思想使得主程序代码缩短、逻辑清晰。但是整个程序设计采用的是面向对象编程思想，把每个游戏人物看成一个类的实例，并且把每一个游戏场景当作一个对象的方法。